HISTOIRE

DE

LA ROSE.

PARIS. — Imprimerie de Migneret,
Rue du Cherche-Midi, 58.
Imprimé à la mécanique de Bagé et
Acart.

LA ROSE

CHEZ LES DIFFÉRENTS PEUPLES, AN-
CIENS ET MODERNES; DESCRIP-
TION, CULTURE ET PROPRIÉTÉ
DES ROSES.

Par M. A. DE CHESNEL.

SECONDE ÉDITION.

PARIS,

**SOCIÉTÉ REPRODUCTIVE DES BONS
LIVRES,**

Rue St.-Hyacinthe-St. Michel, 8.

En France et à l'Étranger

AUX BUREAUX DE LA SOCIÉTÉ.

1838.

HISTOIRE

DE

Les fleurs ont fourni aux poètes
et aux naturalistes tant de disserta-
tions intéressantes pour la science et
et pour les gens du monde , qu'il
semble que ce sujet n'a plus rien à
offrir à la curiosité ; mais quoiqu'on
ait beaucoup dit et écrit sur ces ai-
mables productions de la nature, on
n'a guère à redouter de fatiguer l'at-

1

tention en la ramenant souvent sur des objets qui se présentent chaque fois avec de nouveaux charmes.

Les dames, surtout, accueilleront toujours avec indulgence un ouvrage consacré à l'histoire des fleurs. En retraçant les agrémens des favorites de Flore, c'est adresser un hommage aux femmes, et faire leur apologie, puisqu'on ne peut louer les unes sans parler des autres, et que les fleurs ont été, de tout temps, destinées à exprimer mille choses flatteuses.

> Au sein d'une fleur, tour à tour
> Une heureuse image est placée ;
> Dans un myrte on croit voir l'Amour,
> Un souvenir dans la pensée ;
> La paix se peint dans l'olivier ;
> L'espoir dans l'iris demi-close ;
> La victoire dans un laurier ;
> Une femme dans une rose.

DUPATY.

Le culte des fleurs est universel : l'homme sauvage et l'homme civilisé éprouvent le même sentiment

d'admiration à l'aspect d'un beau
végétal; tous les rangs apportent
un empressement égal à cultiver un
plus ou moins grand nombre de
fleurs; et lorsque le superbe hortensia décore la terrasse du palais,
le modeste basilic orne la fenêtre
de l'artisan.

Le délassement le plus doux de
l'enfance est de tresser des couronnes avec les fleurs qui émaillent la
prairie, ou qui croissent solitaires
sous l'ombrage des bois. L'amant timide exprime ses premiers feux par
l'hommage de ses bouquets ; la
beauté naïve abandonne à l'objet
aimé les fleurs que ses mains déro-
bèrent au gazon, et qui parèrent
son front ou se fanèrent sur son sein.
La vieillesse aussi sourit aux fleurs,
et souvent sa dernière prière est
pour qu'on en répande sur sa tombe.

L'amour que l'homme a pour les
fleurs remonte à sa création, et ce

penchant n'a rien perdu de sa vivacité.

Dès que l'homme eut soumis les champs à la culture,
D'un heureux coin de terre il soigna la parure;
Et, plus près de ses yeux, il rangea sous ses lois
Des arbres favoris et des fleurs de son choix.
Du simple Alcinoüs le luxe encor rustique
Décorait un verger. D'un art plus magnifique,
Babylone éleva des jardins dans les airs.
Quand Rome au monde entier eut envoyé des fers,
Les vainqueurs, dans les parcs, ornés par la victoire,
Allaient calmer leur foudre et reposer leur gloire.
La sagesse autrefois habitait les jardins,
Et d'un air plus riant instruisait les humains.
Et lorsque l'on offrait un élisée aux sages,
Était-ce des palais? C'étaient de verts bocages.
C'étaient des prés fleuris, séjour des doux loisirs,
Où d'une longue paix ils goûtaient les plaisirs.

DELILLE.

Mais si la culture des fleurs procure une agréable distraction, elle attriste aussi quelquefois celui qui s'y livre avec passion. Quel chagrin pour lui de ne jouir que peu d'instants de la vue d'une plante à laquelle il a donné de longs et de pénibles soins! Pourquoi faut-il déplorer la fragilité d'une existence qui contribue si puissamment au charme de la nôtre!

> Que votre éclat est peu durable,
> Charmantes fleurs, honneur de nos jardins!
> Souvent un jour commence et finit vos destins;
> Et le sort le plus favorable
> Ne vous laisse briller que deux ou trois matins.

A.

Parmi les fleurs qui décorent nos parterres, on en distingue un très-grand nombre dont les formes agréables, l'éclat des couleurs, la suavité des parfums rendraient notre choix irrésolu si nous devions décider entr'elles; mais quelle que soit notre admiration pour la plupart de ces espèces, un penchant irrésistible nous fait toujours donner la préférence à la Rose. Elle plaît à tous les âges. Dans tous les moments de sa courte existence, soit lorsqu'elle s'épanouit, soit lorsqu'elle brille dans tout son éclat,

soit lorsqu'elle est prête à se flétrir,
elle semble avoir toujours quelques
rapports à nous. Penchée le soir
sur sa tige épineuse, elle paraît lan-
guissante à l'homme mélancolique,
qui trouve dans le tableau qu'elle
lui offre un sujet pour ses rêveries;
celui à qui tout rit dans la vie, con-
temple avec extase, au milieu du
jour, la pureté de ses formes et son
coloris brillant, qui lui représentent
le bonheur dont il jouit; la jeune
fille aime à la voir dans toute sa
fraîcheur et à la cueillir le matin,
couverte de rosée et entourée de
boutons; les amants heureux, les
nouveaux époux l'associent à leurs
plaisirs; et elle devient à tout moment le prix ou le gage de leur af-
fection; dans l'âge de retour, elle
nous rappelle les plaisirs de l'enfance; et dans l'hiver de nos ans,
lorsque son parfum, exalté par la
chaleur du soleil, vient réveiller
nos sens assoupis, nous la nommons

encore la plus délicieuse des fleurs.

Dès que le printemps vient parer nos jardins, chacun s'empresse d'accueillir les Roses qui annoncent la saison des amours.

Quand l'haleine des doux zéphirs,
Et la verdure renaissante,
Annoncent la saison charmante
Et de l'amour et des plaisirs,
Vainement mille fleurs écloses
Appellent la main des amants;
On ne croit revoir le printemps
Qu'en voyant renaître les Roses.

Roger

Les anciens, les modernes ont chanté la Rose; tous, à l'envie, lui ont prodigué les épithètes les plus galantes, et toujours elle est l'objet des comparaisons les plus flatteuses.

On fait rarement l'éloge d'une figure fraîche et jolie, sans y marier les Roses avec les lis. Le poète ouvre les portes brillantes de l'orient avec les doigts de Roses de la vermeille Aurore, et ramène le printemps sur un char de verdure et couronné de Roses. Veut-il célébrer la jeune fille qui n'a point encore sacrifié au plaisir? il la compare au bouton de Rose, près duquel voltigent les zéphirs impatients. Veut-il peindre la beauté coquette? c'est la Rose qui reçoit tour-à-tour dans son sein les papillons légers.

La rose, qu'un rien flétrit, est l'emblême de l'innocence et de la virginité. De-là les vers charmants de Catulle : *ut flos et cœptis*, etc. « La rose solitaire, épanouie à l'écart, ignorée des troupeaux, respectée du soc, caressée des zéphyrs, vivifiée par le soleil, abreuvée de rosée, fait les délices du berger et de la bergère. A peine est-elle arrachée à sa tige qu'elle perd sa fraîcheur, se flétrit, et cesse d'avoir des charmes pour eux. Telle une vierge timide, aussi long-temps qu'elle est vierge, captive les hommages ; mais dès qu'elle a perdu cette fleur précieuse, les jeunes gens cessent de la trouver aimable, et ses compagnes de la chérir. »

L'Arioste, dans ces vers: *la vergi-nella è simile alla Rosa*, etc., donne également une leçon au beau sexe. « La jeune fille est semblable à la Rose, tandis que solitaire et ignorée elle repose dans quelques beaux jardins sur son épine native ; tandis qu'elle est à l'abri de la dent destructive des troupeaux et de la main furtive des bergers, le doux zéphyr, l'aube humide, l'onde, la terre, tout conspire à l'embellir, et la jeunesse folâtre aime à en parer ses cheveux et son sein ; mais elle n'est pas plutôt détachée de sa tige maternelle et verdoyante, qu'elle perd ses grâces, sa beauté, et tout ce qu'elle pouvait avoir d'aimable. C'est ainsi que la jeune fille qui ne conserve point sa vertu, qui lui doit être plus chère que la vie, perd tous les avantages dont elle devait jouir, jusqu'à l'attachement que ses compagnes pouvaient avoir pour elle. »

Toi dont l'incarnat enchanteur
Offre une fleur à peine éclose,
Jeune Eglé, veux-tu de la Rose
Conserver long-temps la fraîcheur?
Songe qu'à cette fleur si tendre
La nature sut attacher
Une feuille pour la cacher,
Une épine pour la défendre.

C. Dubos.

Anacréon et Sapho disaient de la Rose qu'elle était tout le soin du printemps et la joie des mortels : d'autres ajoutaient qu'elle était la *splendeur des plantes.*

Mais, ainsi que pour toutes les fleurs, on s'est plaint de la courte existence de la Rose : « la durée d'un jour est la mesure de son âge ; la même étoile qui la voit naître le matin, la voit mourir le soir de vieillesse. »

M. de Malherbe adressa les vers

suivants à Dupérier qui venait de perdre sa fille :

Ta fille était du monde où les plus belles choses
  Ont le pire destin ;
Et, Rose, elle a vécu ce que vivent les Roses,
  L'espace d'un matin.

Des philosophes plaçaient dans la salle du festin, une tête de mort sur laquelle ils effeuillaient des roses.

M. de la Popelinière, riche financier qui existait sous Louis XV, mit les vers suivants sous un portrait où il était représenté tenant des roses effeuillées :

« Pour ces fleurs il n'est qu'un printemps ;
Du moins la vie a son automne.
Prenons ce que le sort nous donne,
Et connaissons le prix du temps.

C'est en comparant la durée de l'existence de l'homme à celle de la Rose, que La Fare et Chaulieu invitent à jouir des plaisirs passagers de la vie.

La Rose qui obtient tous nos suffrages a été cependant l'objet de l'antipathie de plusieurs grands personnages : François Venier, doge de Venise, et le chevalier de Guise, se trouvaient mal s'ils respiraient l'odeur d'une Rose ; Anne d'Autriche, femme de Louis XIII, ne supportait pas la vue d'une Rose, même en peinture.

On sera moins surpris du sort qu'a éprouvé la Rose quand on se rappellera que Jean II, czar de Moscovie, s'évanouissait en voyant une femme ; et l'on sera convaincu, de nouveau, que les dames et les Roses ont souvent une destinée semblable.

Entre les femmes et les Roses
Il est mille rapports parfaits;
Mille destins en toutes choses,
Même beauté, mêmes attraits.
Oui, femme et Rose sont divines;
Mais en nous charmant tour à tour,
L'une blesse avec ses épines,
L'autre par les traits de l'amour.

A.

On cite des peuples d'Amérique

qui avaient peur en voyant des Roses, et n'y osaient porter les doigts,
croyant que c'était du feu.

L'odeur suave de la Rose la fit
appeler *Rhodon* par les Grecs, les
Arabes l'ont nommée *nard* ou *na-
don*, les Latins et les Italiens *Rosa,*
les Hollandais *Roozen,* et les Anglais
et les Allemands *Rose.*

L'origine de la Rose est ce qu'il y
a de plus embrouillé dans son histoire, et a donné lieu à des fictions
plus ou moins gracieuses selon que
l'imagination des poètes était plus
ou moins ingénieuse.

Anacréon nous dit que la Rose
naquit lorsque Vénus sortit du sein
des flots. Celui qui vint la déposer
sur le gazon du rivage, aurait laissé
avec son écume, le germe du Rosier
qui s'éleva aussitôt pour embellir
ce lieu mémorable, et parfumer
l'air que la déesse respirait pour la
première fois.

Le père Rapin, jésuite, auteur

d'un poéme des jardins, raconte ainsi qu'il suit, l'origine de la Rose : une reine de Corinthe appelée Rhodante, était d'une si grande beauté qu'on ne pouvait la voir sans devenir éperdument amoureux; aussi le nombre de ses adorateurs s'accrut à un tel point, que, pour se soustraire à des instances qui ne lui laissaient plus un instant de repos, elle se réfugia dans un temple consacré à Diane. Cet asile ne la mit point à l'abri de la poursuite de ses amants. Trois d'entr'eux, nommés Brien, Arcas, et Halesin, plus hardis que leurs rivaux, pénétrèrent dans le temple, et voulurent avoir par la violence ce que les soins et les soupris n'avaient pu leur faire obtenir; mais Rhodante, non moins pudique que la déesse dont elle embrassait l'autel, se défendit avec vigueur. Le peuple qui était accouru aux cris de la princesse, fut tellement ébloui par l'éclat de ses charmes,

qui semblaient alors recevoir un nouveau lustre de la douce fierté qui se
peignait dans sa physionomie, que,
dans son enthousiasme, il s'écria :
Diane n'est plus la déesse de ce temple, la belle Rhodante recevra désormais nos hommages. Mais au moment où il se disposait à renverser
la statue de la première, Apollon se
présenta dans le temple. Furieux de
l'outrage qu'on faisait à sa sœur, il
métamorphosa Rhodante en Rosier,
et pour punir aussi le sacrilège com-
mis par les trois amants, il changea
l'un en ver, l'autre en mouche, et
le dernier en papillon.

Une historiette grecque donne
une origine différente à la Rose. Roselia avait été consacrée, dès son
berceau, au culte de Diane ; mais sa
mère qui ne s'était imposé ce cruel
sacrifice qu'afin de conserver les
jours d'un enfant qui lui était cher
et dont elle avait redouté la perte,
fut bientôt aveuglée par la même

tendresse, et résolut d'arracher sa fille du temple pour l'unir au beau Cymédore. Roselia, au pied de l'autel de l'hymen, prononça de coupables serments, dont son cœur innocent ne connaissait pas le danger ; mais Cymédore, que la crainte de la déesse poursuivait, se hâta d'entraîner sa jeune épouse. Déjà ils avaient franchi les derniers degrés du temple, lorsqu'ils furent aperçus de Diane. On ne se joue pas impunément du courroux des dieux : un trait fatal vint percer le cœur de Roselia. Cymédore transporté de douleur et de tendresse, se jeta sur le corps de son épouse; il voulait la soutenir! la ranimer!..... Mais!.... ô prodige!..... il n'embrassa qu'un arbuste couvert d'épines et inconnu jusqu'alors. Cet arbuste, né du remords de Diane et des larmes de l'amour, se couvrit de fleurs odoriférentes qui reçurent le nom de la malheureuse Roselia, et conservèrent le souvenir de sa métamorphose.

Gessner dans une de ses idylles, explique ainsi la naissance de la Rose; c'est Bacchus qui parle : « Je poursuivais, dit-il, une jeune nymphe; la belle fugitive volait d'un pied léger sur les fleurs et regardait en arrière; elle riait malignement, en me voyant chanceler et la poursuivre d'un pas mal assuré. Par le Styx! Je n'aurais jamais atteint cette belle nymphe, si un buisson d'épine ne s'était embarrassé dans un pan voltigeant de sa robe. Enchanté, je m'approchai d'elle, et lui dis : ne t'effarouche pas tant, je suis Bacchus, dieu du vin, dieu de la joie, éternellement jeune. Alors, saisie de respect, elle baissa les yeux et rougit. Pour marquer ma reconnaissance au buisson d'épine, je le touchai de ma baguette, et j'ordonnai qu'il se couvrît de fleurs dont l'aimable rougeur imiterait les

2.

nuances que la pudeur étendait sur les joues de la nymphe : j'ordonnai et la Rose naquit. »

Les musulmans, plus singuliers dans l'origine qu'ils donnent à la Rose, prétendent qu'elle à été formée, ainsi que le riz, de la sueur de leur prophète Mahomet.

Saint Basile nous dit qu'à la naissance du monde, les Roses étaient sans épines, et qu'elles en eurent à mesure que les hommes méprisèrent leur beauté.

Si les auteurs ne sont point d'accord sur l'apparition de la Rose, ils ne le sont pas davantage sur la couleur vermeille qu'a aujourd'hui cette fleur qui, primitivement, était blanche.

Bion, Ovide et l'auteur du *Pervigilium Veneris*, prétendent que la couleur de la Rose est due au sang d'Adonis. Vénus ordonnait, dit-on, que le sein des bergères se mariât chaque matin à la Rose humide encore, teinte du sang d'Adonis, et parfumée des baisers de l'amour.

Aphtonius et Tretzes assurent, au contraire, que l'incarnat de la Rose provient du sang de Vénus. Adonis insensible aux prières de Cypris, qui le conjurait de ne plus s'exposer aux bêtes féroces qu'il poursuivait chaque jour dans les forêts, fut tué par un sanglier; la déesse en volant au secours de son amant, ne fut point arrêtée par les ronces et les épines qui la déchiraient de tous côtés; plusieurs gouttes de son sang jaillirent sur des Roses, qui devinrent rouges de blanches qu'elles étaient.

Plusieurs écrivains dirent encore que Bacchus ayant laissé tomber une goutte de vin sur la Rose, il changea ainsi sa couleur.

Cette idée ingénieuse s'est également reproduite de nos jours chez quelques chantres de la rose ;

D'un jeune lis elle avait la blancheur;
Mais aussitôt le père de la treille,
De ce nectar dont il fut l'inventeur,
Laissa tomber une goutte vermeille,
Et pour toujours il changea sa couleur.

A.

D'autres, enfin, ont avancé que Cupidon, jouant à la table des dieux, de ses aîles renversa le vase qui contenait le nectar, lequel se répandit sur des Roses et leur donna sa couleur. Philostratus pense que c'est pour cette raison que la Rose est consacrée à l'amour.

Arpocrate, dieu du silence, reçut de Cupidon la première Rose qu'on eût encore vue, à condition qu'il ne découvrirait pas les intrigues de Cypris. C'est pourquoi la Rose était considérée aussi comme symbole du silence, et que l'on disait être *sub Rosa*, lorsqu'on n'avait rien à redouter des indiscrets, c'est-à-dire qu'on se trouvait dans un lieu où l'on pouvait parler à cœur ouvert. Plus tard, chez les peuples du nord , on suspendit dans les festins, une rose au plafond, au-dessus du haut bout de la table : cela signifiait, comme chez les Grecs, que tout ce qui se disait sous cette fleur devait être enseveli dans le plus profond secret.

La Rose obtint chez les anciens l'hommage que nous lui rendons aujourd'hui ; elle brillait dans toutes les fêtes et les pompes sacrées ; elle était le symbole de la beauté, du plaisir, de la molesse et de la volupté.

Les Grecs et les Romains entouraient de guirlandes de Roses les statues de Vénus , d'Hébé et de Flore. On prodiguait les Roses aux fêtes de cette dernière déesse, ainsi qu'aux Saturnales, et le pied des autels et les marches des Temples en étaient toujours jonchés.

On voyait à Elis trois statues des grâces, la première tenait une Rose, la seconde un myrte et la troisième un dé à jouer. Le myrte et la Rose, parce qu'ils sont consacrés à Vénus ; le dé à jouer, parce que la jeunesse aime les jeux ; la Rose était l'ornement des grâces, parce que, comme elle, ces déesses brillent de leur propre éclat sans parure étrangère.

On représentait la paix tenant une poignée d'épis, de Roses et de branches d'olivier.

L'hymen était représenté sous la figure d'un jeune homme couronné de Roses.

Erato, l'une des Muses, était couronnée de myrte et de Roses.

En Grèce, les amants faisaient claquer des feuilles de Roses pour savoir s'ils étaient aimés, et lorsqu'elles ne rendaient pas un son éclatant, ils auguraient mal de leurs amours. Cet amusement est encore en usage de nos jours, et à défaut de Roses, nos pastourelles se servent du coquelicot.

En Thessalie, les magiciennes employaient la rose dans la composition de leurs philtres.

Dans les fêtes de l'hymen à Athènes, les jeunes gens des deux sexes, couronnés de Roses et parés de fleurs, formaient des danses qui avaient pour objet de peindre l'innocence des premiers temps.

Dans les fêtes de Junon à Argos, la déesse était représentée couronnée de lis et de Roses.

Les Romains aimaient passionnément les Roses, et les recherchaient particulièrement pendant l'hiver. Les plus délicats les faisaient venir à grands frais de l'Égypte et des pays les plus éloignés : ils en couvraient leurs chapeaux, leur lits, leurs buffets ; et dans le temps même de la république, ils n'étaient pas contents, dit Pacatus, si les Roses ne nageaient sur le vin de Falerne qu'on leur présentait.

Ce n'est que sous le règne de Domitien qu'on a trouvé à Rome le secret de faire fleurir les Rosiers pendant l'hiver. Alors dans toutes les rues, dit à ce sujet Martial, on respirait l'odeur du printemps que répandaient les fleurs fraîchement tressées en guirlandes. « Envoyez-nous du blé, Egyptiens, nous vous donnerons des Roses. »

Malgré l'austérité des Lacédémo-niens, leurs soldats poussèrent si loin la sensualité après la campagne de Cirra, qu'ils ne voulurent plus boire que du vin parfumé.

Antiochus, lorsqu'il se livrait à la volupté, couchait sur des Roses pendant l'hiver, sous des tentes d'or et de soie; l'empereur Galien dor-mait sous des berceaux de Roses; Verrès se tenait assis sur un carreau parfumé de Roses, et approchait sans cesse de ses narines des sachets pleins de Roses; Théorius buvait au milieu des Roses; Marc-Antoine en mourant, demanda à Cléopâtre d'en couvrir sa tombe.

Une couronne de Roses etait la marque de la galanterie ; Horace ne les oublie jamais dans les inscriptions de ses repas agréables.

Et qui peut refuser un hommage à la Rose !
La Rose dont Vénus compose ses bouquets,
Le printemps sa guirlande et l'amour ses bosquets ;
Qu'Anacréon chanta, qui formait, avec grâce,
Dans les jours de festin la couronne d'Horace.

A.

Les Romains appelaient leurs maîtresses du nom de Rose, ma belle amie, *mea Rosa*.

Dans les jeux publics, chez les Romains, les sénateurs, les spectateurs distingués, et quelquefois même les acteurs, recevaient de la main des Idiles, des couronnes de Roses ; à la guerre, leurs armes et leurs boucliers étaient ornés de Roses peintes ou ciselées, et cette fleur était l'emblème du triomphe ainsi que le laurier.

À son retour d'Afrique, Publius Cornélius Scipion, le seul qui devait triompher d'Annibal, ordonna que les soldats de la huitième légion, qui avaient les premiers pénétré dans le camp des ennemis et arraché les trophées du général carthaginois, portassent à la main un faisceau de Roses le jour du triomphe, et que même à l'avenir il en eussent de figurées sur leurs boucliers. Plus tard, lorsqu'après avoir enfin renversé Carthage, Scipion Emilien revenait à Rome, il voulut que les soldats de la onzième légion, qui, eux aussi, s'étaient montrés, avant tous, sur les remparts de la ville assiégée, eussent leurs boucliers et leurs armes décorées de Roses. Cette fleur, qui parait le char triomphal de Scipion lui-même, était une sorte d'éloquence qui proclamait la victoire de Rome sur sa rivale africaine.

Homère orne de Roses le bouclier d'Achille, aussi bien que le casque d'Hector et d'Énée.

La Rose a toujours paré les tombeaux. Les Romains et les Grecs consacraient, par testament, des jardins qui devaient fournir des fleurs à leurs cénotaphes, et celui qui aurait violé ces jardins se serait rendu coupable d'un grand crime. Quelquefois encore le testament prescrivait aux héritiers de se réunir tous les ans, au jour anniversaire de la mort du testateur, pour dîner près de son tombeau, et d'y paraître couverts de Roses cueillies dans la plantation sépulcrale. On bâtissait dans l'enceinte des jardins un logement destiné à recevoir un esclave, dont l'unique occupation était de venir, à des époques fixes, orner de guirlandes les tombeaux. Une loi romaine défendait de décorer les funérailles ; mais les décemvirs avaient excepté de cette prohibition la couronne de Roses, destinée à couvrir la tête du défunt.

On voit à Torcallo, près de Venise, une inscription portant donation, de la part d'un affranchi, au collége de Centanei, des revenus du jardin et d'un palais, pour servir à célébrer ses obsèques et celles de son maître.

On lit dans des épitaphes anciennes que les parents s'engageaient à aller tous les ans répandre des Roses sur des tombes. On en voit même de sculptées sur des tombeaux.

Dans la collection des pierres gravées de *Stoch*, on voit sur un grenat un papillon posé sur une Rose. Cet emblème ingénieux peut désigner encore une jeune fille morte dans l'âge des grâces et des plaisirs.

En Turquie on sculpte une Rose sur le tombeau des jeunes filles.

En Pologne on couvre de Roses le cercueil des enfants, et lorsque le convoi passe, on jette, des fenêtres, une quantité de Roses.

Dans les cimetières de l'Indoustan, on voit souvent le matin, avant le lever du soleil, l'arbrisseau qui indique la place où repose un Indou, orné d'une guirlande de Roses à demi-épanouies.

Dans quelques provinces de France on renouvelle chaque jour les fleurs qu'on répand sur les tombeaux. Cet usage existe aussi en Allemagne, en Suisse et en plusieurs autres endroits.

Du bon Helvétien qui ne connaît l'usage!
Près d'une eau murmurante, au fond d'un vert bocage
Il place les tombeaux, il les couvre de fleurs;
Par leur douce culture il charme ses douleurs;
Et semble respirer, quand sa main les arrose,
L'âme de son ami, dans l'odeur d'une Rose.

Delille.

On a représenté dans un joli bas-relief, sur le tombeau de madame de la Live, morte à vingt ans, le temps moissonnant une Rose.

A Baies, lorsqu'on donnait des fêtes sur l'eau, tout le lac Lucrin paraissait couvert de Roses.

On appelait Smindride le Sybarite que le pli d'une feuille de Rose empêchait de dormir.

Suivant la mythologie indienne, Pagodasiri, l'une des femmes de Wistnou, fut trouvée dans une Rose.

Zoroastre ayant fait croître sur-le-champ un cyprès, en présence de Darius, celui-ci lui demanda d'autres prodiges, et Zoroastre, pour le satisfaire, fit des conjurations dans lesquelles entrèrent une grenade et une Rose.

Quelques auteurs ont avancé que l'escarbot avait une telle antipathie pour les Roses, que la seule odeur de cette fleur lui causait la mort. C'est sans doute d'après cette assertion que les anciens, voulant dépeindre un homme énervé par la volupté, le représentaient sous l'allégorie d'un scarabé expirant sous des Roses.

On lit dans l'Iliade que le corps d'Hector fut embaumé par Vénus elle-même, avec un parfum mêlé de Roses.

En Grèce, à Babylone et à Rome, on faisait le plus grand cas des chaussures dont la peau avait été préparée à l'odeur des Roses.

L'antiquité offre plusieurs exemples de morts subites causées par l'imprudence de dormir ou de se renfermer dans un endroit où se trouve une trop grande quantité de Roses. Ces événements firent souvent jeter les hauts cris contre l'usage des Roses, qui devient pernicieux quand on en abuse. Aristippe, respirant un jour le parfum d'une rose, éprouvait une jouissance si délicieuse, qu'il s'écria : « Maudits soient les efféminés qui ont fait décrier de si douces sensations ! »

Un commerçant de Neucratie, nommé Hérostrate, avait acheté à Paphos, une statue de Vénus avec laquelle il se mit en mer. Une tempête furieuse s'étant élevée sur les côtes d'Egypte, les matelots effrayés se jetèrent aux pieds de la déesse et implorèrent son secours ; elle accueillit leurs prières : l'on vit aussitôt la statue se couvrir de myrtes et de Roses, et les nuages épais qui s'étaient amoncelés autour du vaisseau se dissipèrent pour laisser apercevoir un ciel pur et azuré. Hérostrate de retour dans sa patrie, consacra sa statue protectrice dans le temple de Vénus, et témoigna sa reconnaissance par des sacrifices pompeux. Ses amis furent invités à un repas splendide, et des couronnes de myrte et de Roses leur furent distribuées. Ces couronnes reçurent le nom de Neucratites.

Abdulkadri, personnage fameux chez les Turcs, avait le dessein de s'établir à Babylone; mais on n'avait aucune envie de l'y recevoir; cependant, pour ne point blesser les lois de l'hospitalité, en le lui déclarant ouvertement, les principaux habitants imaginèrent d'aller au devant de lui avec un vase rempli d'eau, voulant lui faire comprendre, par cette espèce d'hiéroglyphe que, comme ce vase était plein jusqu'au bord, et qu'on n'y pouvait rien ajouter, de même leur ville était si remplie de savants et de poètes, qu'elle n'en pouvait contenir davantage. Abdulkadri saisit parfaitement leur intention : pour toute réponse, il ramassa une feuille de Rose, la posa doucement sur la surface de l'eau contenue dans le vase, leur faisant voir qu'elle y tenait sa place sans déborder l'eau, quoique le vase fût plein. Ce trait ingénieux plut tellement aux Babyloniens, qu'ils menèrent Abdulkadri en triomphe dans leur ville.

Dans l'un des livres attribués à Salomon, la sagesse éternelle est comparée aux plantations de Rosiers qu'on voyait près Jéricho.

Hérodote dit que dans les jardins de Midas, fils de Gordius, il y avait des Roses à soixante feuilles qui croissaient d'elles-mêmes, et qui avaient un parfum plus suave qu'aucune autre.

L'histoire du Mogol rapporte que la célébre princesse Nourmahal fit remplir d'eau de Roses tout un canal, et qu'elle s'y promena avec le grand Mogol; la chaleur du soleil ayant dégagé de l'eau de Roses l'huile essentielle qu'elle contient, on remarqua cette substance qui flottait à la surface de l'eau, et c'est ainsi, dit-on, que se fit la découverte de l'essence de Roses.

L'empereur Héliogabale fit remplir un vivier tout entier d'eau de Roses.

Saladin ayant pris Jérusalem en
1188, ne voulut entrer dans la mosquée du temple, convertie en église
par les chrétiens, qu'après avoir
fait laver les murs avec de l'eau de
Roses, et cinq cents chameaux suf-
firent à peine, dit Sanut, pour trans-
porter toute celle qu'on employa
dans cette occasion.

Après la prise de Constantinople
par Mahomet II, le 29 mai 1455,
l'église de Sainte-Sophie fut aussi
lavée avec de l'eau de Roses avant
d'être convertie en mosquée.

Jadis on portait aux baptêmes de
grands vases remplis d'eau de Roses. Bayle rapporte à ce sujet, qu'à
la naissance de Ronsard, la nour-
rice, en chemin pour aller à l'église,
le laissa tomber sur un tas de fleurs,
et que la femme qui tenait le vase
de Roses le répandit sur l'enfant.
Cette circonstance fut regardée
comme un heureux présage de la
bonne odeur que devaient un jour
répandre ses poésies.

Ronsard fut le poëte le plus en réputation sous le règne de Henri II ; il mourut en 1585. On a de lui des vers extrêmement médiocres, pour ne point dire mauvais ; mais il en composa sur la Rose qui, en se reportant à l'époque où ils furent faits, méritent de trouver place ici :

Mignonne, allons voir si la Rose,
Qui ce matin avait déclose
Sa robe de pourpre au soleil,
N'a point perdu cette vesprée,
Les plis de sa robe pourprée
Et son teint au vôtre pareil.
Las ! voyez comme en peu d'espace,
Mignonne, elle a dessus la place,
Las ! las ! ses beautés laissé choir !
Oh ! vraiment, marâtre nature,
Puisqu'une telle fleur ne dure
Que du matin jusqu'au soir,
Donc si vous me croyez, mignonne,
Tandis que votre âge fleuronne
En sa plus verte nouveauté,
Cueillez, cueillez votre jeunesse ;
Comme à cette fleur, la vieillesse
Fera ternir votre beauté.

Ce poète ayant remporté le premier prix des *Jeux Floraux*, reçut, au lieu d'une églantine d'or, une minerve d'argent dont il fit présent au roi. Marie Stuart, reine d'Ecosse, l'aimait tellement, qu'elle lui envoya un magnifique Rosier d'argent, qui valait deux mille écus, avec cette inscription :

Ronsard, l'Apollon de la source des muses.

M. de Haller dit qu'on distille dans les Indes une huile essentielle de Roses extrêmement précieuse, et qui sert de présent de souverain à souverain.

Dans les environs de Faïoum, en Égypte, on cultive le Rosier en massifs immenses, et l'eau qu'on tire de sa fleur odorante, forme une branche précieuse de commerce. Dans les visites de cérémonie, on la répand à flots sur le visage et les mains des assistants.

Dans les champs où fut Sparte, entre les murs d'Athe-
    nes,
Aux poétiques bords d'Argos et de Mycènes,
Une Rose odorante étale sa blancheur,
Et sur leurs grands débris laisse courir sa fleur.
Son huile précieuse aux reines réservée,
Et dans des flacons d'or, avec soin conservée,
Surpasse le nectar dont jadis ces beaux lieux
Firent aussi présent à la table des Dieux.

C.

Le grand-prêtre, chez les Hébreux, ornait de Roses son front dans les sacrifices.

Le Synode de Nîmes, tenu dans le troisième siècle, enjoignait aux juifs de porter sur la poitrine une Rose, pour les distinguer des chrétiens, afin qu'ou n'eût pas pour eux les mêmes égards.

Les juifs célèbrent encore aujourd'hui une fête qu'ils appellent *pâques fleuries* ou *pâques de Roses*, dans laquelle ils ornent avec des Roses leurs lampes, leurs chandeliers, leurs tables, leurs lits et autres meubles.

On lit dans la vie de sainte Dorothée, qu'un ange lui donna un bouquet de Roses. C'est d'après cette
tradition que cette sainte est toujours représentée tenant un bouquet
de Roses.

Les premiers chrétiens blâmèrent
l'emploi des fleurs, soit dans les festins, soit près des tombeaux, à cause
des rapports qui se trouvaient, de
cette manière, exister entre le culte
du vrai Dieu .et la mythologie
payenne. Tertulien a fait un livre
contre les guirlandes et les couronnes. Clément d'Alexandrie trouvait
mauvais que les chrétiens se cou-
ronnassent de Roses, lorsque Notre-
Seigneur l'avait été d'épines.

Il y avait à Poitiers, dans l'ab-
baye de Sainte-Croix, une colonne
qu'on avait élevée sur la tombe d'un
jeune homme, en mémoire d'un
miracle. Le lendemain de son en-
terrement, on avait vu, dit-on, paraître tout-à-coup, sur le lieu de sa

sépulture, un Rosier couvert de Roses épanouies.

Après la mort de saint Louis, évêque, neveu du roi de France Louis XI, on vit, dit-on, sortir une Rose de sa bouche.

On voit à Rome, dans l'église Sainte-Suzanne, une vieille mosaïque qui représente Charlemagne à genoux, recevant de saint Pierre un étendard semé de Roses.

La Rose s'est rendue malheureusement célèbre en Angleterre, dans les différents entre les maisons d'Yorck et de Lancastre. Sous le règne de Henri VI, en 1453, il y avait en Angleterre, un descendant d'Edouard III, dont les droits à la couronne étaient fondés sur un degré plus près de la souche connue, que la branche régnante. Ce prince était duc d'Yorck. Il portait sur son écu une Rose blanche, et le roi Henri VI, de la maison de Lancastre, portait une Rose rouge. C'est de là que vinrent ces noms consacrés à la guerre civile. La bataille de Bolworth, donnée en 1485, et dans laquelle périt Richard III, mit fin aux désolations dont la *Rose rouge* et la *Rose blanche* avaient rempli l'Angleterre.

Clémence-Isaure fit des legs considérables, et ordonna qu'on répandit des Roses sur son tombeau, en présence de tous les amis des lettres, et qu'on distribuât dans cette fête, des prix aux poètes qui se seraient le plus distingués. Au nombre de ceux décernés chaque année, par l'académie des *Jeux Floraux*, se trouve la Rose églantine.

Une société d'hommes de lettres se forma à Paris, au 18e siècle, sous le nom de *société des Rosati*. Les membres se réunissaient dans un lieu qu'ils appelaient *Eden*, ou *le Bosquet des Roses*, et chaque académicien n'était admis qu'autant qu'il avait, comme Horace, chanté cette fleur.

L'île de Rhodes doit son nom au grand nombre de roses que produit son territoire : les anciens disent qu'il y avait plu de ces fleurs lorsque Vénus s'y retira secrètement avec Apollon. On voit encore aujourd'hui, dans la campagne, un grand terrain connu sous le nom *d'il mazzonne delle Rosa;* ce champ portait jadis le nom de *Rosatinus,* à cause de la quantité prodigieuse de Roses qui y naissaient sans culture. Cet arbuste est très-commun dans plusieurs de nos provinces : *Fontenai,* célébré par l'auteur de l'Art d'aimer, a pris son surnom de la quantité de Roses qui croissent dans ses environs.

Quand Marie Antoinette passa par Nancy pour ses épousailles avec Louis XVI, alors dauphin, les Lorrains lui préparèrent un lit parsemé de Roses.

La Rose était autrefois si précieuse, en France, que dans plusieurs endroits on ne pouvait, sans permission, cultiver le Rosier.

Charlemagne recommanda la culture des Roses dans ses capitulaires.

En Allemagne une fille qui a prodigué à l'amour les faveurs réservées pour l'hymen, est forcée, le jour de son mariage, de mettre sur sa tête une couronne de Roses au lieu d'une couronne de myrte.

Les Perses bouchent avec des Roses les flacons de vin qu'on met sur leur table. Ils célèbrent aussi, vers l'équinoxe d'automne, une fête nommée *abrizan*, dans laquelle on se fait réciproquement des visites en se jetant des Roses à la figure.

En Italie les femmes nouvellement accouchées portent ordinairement un bouquet de rhue pour n'être pas incommodées de l'odeur des Roses que peuvent porter les personnes qui les viennent visiter.

A Rome on bénissait la Rose le jour appelé *Dominica in Rosa.*

On rapporte au onzième ou douzième siècle l'origine de la coutume qu'avaient les papes de bénir une *Rose d'or* le quatrième dimanche du carême, pour en faire présent, en certaines circonstances, à quelque église, prince ou princesse.

Alexandre III qui avait reçu les plus grands honneurs dans son voyage en France, envoya la Rose d'or à Louis le Jeune. Voici comment il s'exprime dans sa lettre au monarque Français : « Imitant la coutume de nos ancêtres, de porter dans leurs mains une Rose d'or le dimanche *lætare,* nous avons cru ne pouvoir la présenter à personne qui la méritât mieux que votre excellence, à cause de sa dévotion extraordinaire pour l'église et pour nous-même. »

Bientôt après les papes changèrent cette galanterie en acte d'autorité, par lequel, en donnant la Rose d'or aux souverains, ils témoignaient les reconnaître pour tels. C'est ainsi qu'Urbain V donna, en 1368, la Rose d'or à Jeanne, reine de Sicile, préférablement au roi de Chypre. En 1418, Martin V consacra solennellement la Rose d'or, et la fit porter sous un dais superbe à l'empereur qui était alors au lit. Les cardinaux, les archevêques et les évêques, accompagnés d'une foule de peuple, la lui présentèrent en pompe, et l'empereur s'étant fait mettre sur un trône, la reçut avec beaucoup de dévotion, aux yeux de tout le public.

Henri VIII d'Angleterre, reçut aussi la Rose d'or de Jules II et de Léon X.

Le pape Benoît XIII l'envoya à Violante de Bavière, belle sœur du grand duc de Toscane, Jean Gaston, dernier prince de la maison de Médicis.

3.

Le pape l'accordait encore aux princes qui passaient à Rome, et l'usage était, il y a trente à quarante ans, de donner cinq cents louis à celui qui l'apportait de la part de sa sainteté; mais la Rose, ou pour mieux dire le Rosier, par son poids seul, valait quelquefois le double de cette somme.

Dans les vieilles coutumes d'Auvergne, d'Anjou, de Tours, de Lodunois et du Maine, on voit que dans les familles nobles, le père qui avait des enfants mâles, ne donnait le plus souvent à sa fille, en la mariant, qu'un *chapeau* ou *chapel de Roses*. En Normandie les filles n'avaient aussi, pour toute légitime, qu'un chapel de roses; ainsi mariées elles n'avaient aucun droit à la succession de leurs père et mère; mais on pouvait les y rappeler par forme de legs.

Les filles portent encore aujourd'hui une guirlande ou couronne de Roses, lorsqu'elles vont à l'église pour y recevoir la bénédiction nuptiale ; mais dans l'ancienne coutume, ces guirlandes ou *garlandes* étaient d'or ou d'argent.

Tertulien et les autres pères de l'église, parlent de cette coutume de mariage.

A Lucy, près d'Auxerre, les jeunes garçons étaient tenus, le jour d'une noce, d'accompagner les époux, au nom de l'abbesse, avec un bâton d'églantier formant une crosse, ornée de rubans, et pour laquelle l'époux devait sept sous six deniers.

Parmi les anciens droits seigneuriaux, on trouve beaucoup de redevances de boisseaux de Roses, pour la provision d'eau de Roses du seigneur.

Il existait à Gournay, sur Marne, un fief tenu à la charge d'un chapeau de roses à quatre rangées, pour servir tous les ans le jour de la Fête-Dieu.

Jacques II, roi d'Écosse, accorda la baronnie de Branksome, à sir Walter Scott, sans autre redevance qu'une rose rouge.

Souvent jadis, au lieu de nappes, on couvrait les tables de feuilles de Roses.

La Rose était le prix de la vertu dans la fête de la *Rosière de Salency*. Tout le monde connaît l'institution de cette fête qui avait pour objet de perpétuer, dans le cœur des jeunes filles, l'amour de la sagesse, de la piété et de tous les devoirs que la vertu impose. L'origine remonte jusqu'à Saint-Médard, évêque de Noyon, qui vivait dans le cinquième siècle du temps de Clovis, et qui mourut en 545. Cet évêque, qui était aussi seigneur de Salency, village à une demi-lieue de Noyon, avait imaginé de donner, tous les ans, à celle des filles de sa terre qui jouirait de la plus grande réputation de vertu, une somme de vingt-

cinq livres, et une couronne ou chapeau de Roses. Il perpétua cet éta-
blissement, en détachant des domai-
nes de sa terre douze arpents, dont
il affecta les revenus au payement
des vingt-cinq livres, et frais acces-
soires de la cérémonie de la Rose.

Reine de nos jardins, Rose aux vives couleurs,
Sois fière désormais d'être le prix des mœurs,
Et de voir éclater tes beautés printanières
Sur le front ingénu des modestes bergères;
Sois plus flattée encor de servir en nos jours
De couronne aux vertus que de lit aux amours.
La pomme à la plus belle, a dit l'antique usage;
Un plus heureux a dit : la Rose à la plus sage.

A.

La tradition assure que Saint
Médard donna lui-même ce prix
glorieux à l'une de ses sœurs, que
la voix publique avait nommée pour
être Rosière. On voit encore au-
dessus de la chapelle de Saint Médard, située à l'une des extrémités
du village de Salency, un tableau
où ce Saint prélat est représenté en
habits pontificaux, et mettant une

4

couronne de Roses sur la tête de sa sœur, qui est coiffée en cheveux et à genoux.

Par le titre de la fondation, il fallait non-seulement que la Rosière eût une conduite irréprochable, mais que son père, sa mère, ses frères, ses sœurs et autres parents, en remontant jusqu'à la quatrième génération, fussent eux-mêmes irrépréhensibles.

Le seigneur de Salency jouissait seul du droit de choisir la Rosière entre trois filles du village, qu'on lui présentait un mois d'avance, et l'examen se faisait avec l'impartialité la plus sévère.

Le huit juin, jour de la fête de Saint Médard, le cortége se rendait en grande pompe à la paroisse, où il entendait vêpres, et delà à la chapelle de Saint Médard, où, après la bénédiction, le célébrant posait un chapeau de Roses, entouré d'un large ruban bleu, sur la tête de la

Rosière qui était à genoux, et lui
remettait en même temps les vingt-
cinq livres, en présence du Seigneur
et des officiers de justice.
Le ruban bleu ne fut ajouté au chapeau que sous Louis XIII. Ce prince
se trouvant au château de Varennes,
près de Salency, fut supplié par
par M. de Belloy, alors seigneur de
ce dernier village, de faire couron-
ner en son nom la Rosière; le roi y
consentit, et envoya le marquis de
Cordes, son premier capitaine des
gardes, qui fit la cérémonie pour
sa Majesté, et qui, par ses ordres,
ajouta aux Roses une bague d'argent et un cordon bleu : « Allez,
dit le roi au marquis, offrir ce cordon à celle qui sera couronnée. Il
fut assez long-temps le prix de la
faveur, qu'il devienne aujourd'hui
la récompense de la vertu. » C'est
depuis cette époque que la Rosière
recevait cette bague, et qu'elle et ses
compagnes se décoraient du ruban.

Au sortir de l'église, le seigneur, ou son représentant, conduisait la Rosière au milieu de la grande rue de Salency, où les vassaux du fief de la Rose étaient obligés de lui présenter une colation qui retraçait la simplicité des mœurs antiques et qui était une espèce de redevance.

La table était garnie d'une nappe, six assiettes, six serviettes deux couteaux, deux verres et une salière pleine de sel. Les mets consistaient en un lot de vin clairet en deux pots, crû sur la côte du village, un demi lot d'eau fraîche, deux pains blancs d'un sou, cinquante noix et un fromage de trois sous.

Sur la fin de ce sombre repas, les mêmes vassaux lui présentaient, par forme d'hommages un bouquet de fleurs, deux *éteufs* ou balles de jeu de paume, une flèche et un sifflet de corne, avec lequel l'un des censitaires sifflait trois fois avant que de l'offrir. Ils étaient obligés de satisfaire à toutes les servitudes, à peine de 60 sous d'amende.

Le repas étant achevé, toute l'assemblée se rendait dans la cour du château, sous un gros arbre, où le seigneur dansait le premier branle avec la Rosière. Ce bal champêtre finissait au coucher du soleil.

Le lendemain, dans l'après midi, la Rosière invitait chez elle toutes les filles du village, et leur donnait une grande colation, pendant laquelle on chantait des couplets, tels que ceux-ci :

> Cette fille, dès sa jeunesse,
> Nourrit son père infirme et vieux ;
> Elle n'a point d'autre noblesse,
> Point de parchemins, point d'aïeux :
> La noblesse est bien quelque chose ;
> Mais elle n'est pas le vrai bien :
> La noblesse au vulgaire impose,
> Mais, sans la vertu, ce n'est rien.
>
> On ne voit point sur son visage
> Briller la fleur de la beauté ;
> Mais dans une âme honnête et sage,
> Règnent la douceur la bonté ;
> La beauté c'est bien quelque chose ;

Mais elle n'est pas le vrai bien :
Elle a tout l'éclat de la Rose ;
L'éclat, sans la vertu, n'est rien.

Dans son parler est la simplesse,
Qu'on chérissait au bon vieux temps;
De l'esprit et de la finesse
Elle n'a point les agréments :
L'esprit est pourtant quelque chose;
Mais l'esprit n'est pas le vrai bien :
Quelque forte qu'en soit la dose,
L'esprit, sans la vertu, n'est rien.

Jamais elle n'apprit à lire
Dans d'autres livres que son cœur;
Ce livre a suffi pour l'instruire
Du chemin qui mène au bonheur :
La science est bien quelque chose;
Mais elle n'est pas le vrai bien :
A l'orgueil quand elle dispose,
Il vaudrait mieux ne savoir rien.

A.

La fête de la Rosière de Salency occasionna, en 1774, un procès qui fut porté au parlement de Paris. Le seigneur d'alors se crut en droit de choisir la Rosière sans l'intermédiaire des habitants, de lui poser la couronne sur la tête sans pompe et sans cérémonie, et soutint que la dépense de la fête, quoique médiocre , pouvait être de beaucoup réduite. Ces prétentions ridicules furent condamnées par le bailliage royal de Chauny qui fixa les règles pour la nomination de la Rosière, et l'ordre et la marche de la cérémonie, par sa sentence du 19 mai 1773; mais le seigneur de Salency ne crut point devoir céder : il appela de cette sentence au parlement de Paris qui, le 20 décembre 1774, rendit un arrêt solennel en faveur des habitants de Salency, homologua tout ce qui concernait la fête de la Rosière , et condamna le seigneur à tous les dépens, ainsi qu'aux frais de l'impression et affiche de l'arrêt.

Dans un mémoire que M. Delacroix publia dans cette circonstance, il s'exprime en ces termes : La noblesse des Salenciens est celle de la Rose ; ils n'en connaissent point d'autres. La famille qui, depuis St. Médard, a vu le plus souvent ses rejetons couronnés, est la plus illustre parmi eux. Si les arts n'étaient pas les esclaves de l'opulence, ce serait une vue bien touchante que celle d'une chaumière de Salency, ornée d'une suite de tableaux représentant de jeunes Rosières parées d'un cordon bleu avec tous les attributs de leur couronnement: Ce spectacle vaudrait bien celui d'une galerie qui n'offre à nos regards que les superbes destructeurs du genre humain. Il y a si long-temps que l'on s'énorgueillit de la férocité de ses pères, qu'il serait à souhaiter que l'on commençât à mettre une partie de sa gloire dans la sagesse de sa mère, »

D'autres fêtes de la Rose furent instituées à Canon, Briquebec, Saint-Sauveur-le-Vicomte, la Falaise, Saint-Nicolas d'Angers, Nanci, Saint-Nicolas de Nantes, Meau, Montricoux, Suresne, Romainville, etc., etc.

Pendant le séjour de Louis XVIII

à Blakembourg, il fut invité à assister à une fête de la Rosière, S. M, s'approcha de la jeune personne qui avait été désignée comme la plus vertueuse, et lui plaça la couronne sur la tête. La Rosière lui répondit ingénument : *Dieu vous la rende !*

Il existait autrefois dans nos parlements une cérémonie appelée la *baillée des Roses*, dont on ignore l'origine et l'époque à laquelle elle a cessé. Cette cérémonie était particulièrement en usage dans les parlements de Paris et de Toulouse. Le droit de Roses se rendait par les pairs, en avril, mai et juin, lorsqu'on appelait leurs rôles. Pour cela on choisissait un jour qu'il y avait audience à la grand-chambre, et le pair qui les présentait faisait joncher de Roses, de fleurs et d'herbes odoriférantes, toutes les chambres du parlement. Avant l'audience il donnait un déjeûner splendide aux présidents et aux conseillers, même aux greffiers et huissiers de la cour, ensuite il venait dans chaque chambre, faisant porter devant lui un grand bassin d'argent rempli non-seulement d'autant de bouquets d'œillets, Roses et autres fleurs de soie et de fleurs naturelles, qu'il y avait d'officiers, mais encore d'autant de couronnes rehaussées de ses armes ; après cet hommage, on lui donnait audience à la grand-chambre ; ensuite on disait la messe ; les hautbois jouaient, excepté pendant l'audience, et allaient même jouer chez les présidents pendant le dîner. Il n'y avait pas jusqu'à celui qui écrivait sous le greffier, qui n'eût son droit de Roses.

Excepté nos rois et nos reines, aucun de ceux qui avaient des pairies dans le ressort du département n'étaient exempts de cette espèce de redevance : les rois de Na-

varre s'y assujétirent ; et Henri (1),
fils d'Antoine de Bourbon et de
Jeanne d'Albret, justifia au procu-
reur-général que ni lui, ni ses pré -
décesseurs, n'avaient jamais manqué
de remplir cette obligation. Des fils
de France l'ont fait en 1577.

L'hommage des Roses occasionna
en 1545, une dispute de préséance
entre le duc de Montpensier et le
duc de Nevers, qui fut terminée par
un arrêt du parlement, qui ordonna
que le duc de Montpensier les bail-
lerait le premier, à cause de ses
deux qualités de prince et de pair.

Le parlement avait un faiseur de
Roses, appelé le *Rosier de la cour*,
et les pairs achetaient de lui celles
dont ils faisaient leurs présents.

On présentait au parlement de
Paris des Roses et des couronnes de
Roses, et à celui de Toulouse, des

---

(1) Depuis Henri IV, roi de France.

boutons de Roses et des chapeaux de Roses.

En Provence, le jour de mai, on établit une sorte de trône à l'entrée de chaque rue fréquentée, sur lequel une jeune fille couronnée de Roses et entourée de guirlandes, reste stationnée toute la journée. On l'appelle *la Belle de mai*, et ses compagnes mettent les passants à contribution pour l'amour de cette belle.

Pendant les rogations, à Poitiers, l'image de la vierge se couronnait spontanément de Roses.

On racontait, dans la même ville, qu'un jeune homme, mort de douleur de ce que le mois de mai l'avait trouvé sans maîtresse, fut recouvert d'une terre sur laquelle poussa un rosier couvert de quelques fleurs et de beaucoup d'épines. Ayant ouvert la fosse, on trouva dans la bouche du mort un billet portant le nom de *Marie.*

Aux beaux jours de la chevalerie, les Roses étaient souvent un emblême dont les preux se plaisaient à décorer leurs armes. On voyait dans un écu une Rose entr'ouverte avec cette devise : « *Quanto si mostro men, tanto è piu bella.* » Moins elle se montre plus elle est belle.

Dans le *Selam* des Persans, la Rose jouait un grand rôle par ses allégories.

Dans le roman de Perceforêt, on voit une reine, après un tournoi, donnant au chevalier vainqueur un simple chapeau de Roses, parce que c'est, dit-elle, un trésor pour les amoureux.

Dans le roman d'Amadis, Oriane, prisonnière, ne pouvant ni parler ni écrire à son amant, lui jette du haut d'une tour une Rose baignée de ses pleurs.

Les Roses forment le dénouement du fameux conte de l'âne d'or d'Apulée. Dans ce conte un jeune homme est transformé en âne, et ne peut reprendre sa première forme qu'en mangeant des Roses.

Le roman de la Rose, de Guillaume Lorris, est une allégorie dans laquelle il faut surmonter beaucoup d'obstacles pour conquérir une belle Rose.

Milto, surnommée Aspasie, l'une des femmes de Cyrus, avait, étant encore fort jeune, une tumeur au menton qui la chagrinait beaucoup et qu'aucun médecin ne pouvait guérir. Un songe vint enfin la consoler. Elle vit une colombe qui, se changeant en femme, lui dit : — Aie bon courage ; prends des Roses offertes à Vénus et déjà fanées, broie-les dans tes mains, et les applique sur cette tumeur. » Elle exécuta le conseil et la tumeur fut détruite.

Néron ayant témoigné le désir de voir dans le bain Poppée, femme de Silius Othon, et cette romaine ayant refusé sous le prétexte que sa pudeur en souffrirait, Néron fit jeter sur le bassin où se baignait Poppée, une quantité prodigieuse de Roses de Pestum effeuillées.

Pizarre faisait donner la question à Montezuma et Guyonnar. Ce dernier poussait des cris douloureux en regardant Montezuma. Et moi, lui dit le roi, suis-je donc sur des Roses?

Une jeune fille voyant marcher à la mort le roi Charles 1er, fendit la presse des curieux indifférents, et ne sachant quel témoignage d'intérêt lui donner, pauvre et simple enfant qu'elle était., lui offrit une Rose qu'elle avait à la main.

Milton, devenu aveugle, se maria en troisièmes noces à une femme très-belle, mais d'un caractère violent et d'une humeur aigre et difficile. Le lord Buckingham ayant dit un jour à son mari, en plaisantant, qu'elle était une Rose : — Je n'en puis juger par les couleurs, répondit tristement Milton, mais j'en juge par les épines.

La princesse Galiczin ayant demandé la bénédiction à Hoton, archevêque, ce prélat prit une Rose avec laquelle il la lui donna.

Le roi de Prusse se promenant dans le jardin de Postdam avec Voltaire, demanda une Rose ; celui-ci la présenta en disant :

« Phénix des beaux esprits, modèle des guerriers,
Cette Rose naquit au pied de vos lauriers. »

Dans le fer de la hache des francs-juges étaient représentés un poigard et un chevalier tenant un bouquet de Roses. Les membres de ce tribunal secret devaient, lorsqu'ils voyaient une Rose, porter cette fleur sur leur cœur et sur leur lèvres.

L'empereur Charles-Quint donna

pour devise à son épouse, Isabelle de Portugal, les trois grâces, dont l'une portait des Roses, l'autre une branche de myrte, et la troisième une branche de chêne avec son fruit. Ce groupe était le symbole de la beauté de l'impératrice, de l'amour qu'il avait pour elle et de sa fécondité. On l'orna de ces mots : *hæc habet et superat.....*

Luther avait fait graver une Rose sur son cachet.

Le comte d'Estaing avait pris pour devise, dans une association, un bouquet de lis et de Roses, et pour âme : — Tout pour eux et pour elles.

Un églantier marque, dans le parc de Roxburgh, la place où mourut Jacques II, roi d'Écosse.

En Allemagne, on célèbre, au mois de mai *la fête des Roses.* Ce jour-là toute la maison est rose. La table est couverte de couronnes de Roses; les femmes portent des bouquets de Roses, et les hommes chantent les Roses.

Les Tongouses font une boisson avec des pétales de Roses.

A Soleure, lorsque les bourgeois s'assemblaient, le jour de la Saint-Jean, pour élire leur avoyer ou premier magistrat, chacun d'eux portait un bouquet de Roses, et l'on appelait l'assemblée *Rosen garten*, c'est-à-dire, jardin des Roses.

Sur les bords du Gange, les femmes qui ne sont pas assez riches pour porter des bracelets et des anneaux en métaux ou en pierres précieuses, leur substituent des paquets de fleurs, et c'est ordinairement la Rose blanche dont elles font choix, à cause de sa beauté et de son parfum.

A Santiago, au Chili, lorsqu'un étranger se présente dans une maison, les dames lui offrent chacune une rose, en témoignage du plaisir que leur cause sa visite.

A Provins, les jardiniers installaient jadis parmi eux un roi qu'ils appelaient le *Roi des rosiers*. Sa dignité durait un an, c'est-à-dire qu'elle commençait et finissait le jour de la Saint-Fiacre. C'était à vêpres, pendant le *magnificat*, que se faisait l'intronisation du nouveau roi ; et au moment où le chœur chante ces mots : — *Deposuit potentes de sede et exaltavit humiles*, les torches allumées, les couronnes de Roses, tous les insignes de la puissance royale qui environnaient l'ancien monarque, disparaissaient aussitôt et étaient portés près du nouveau.

M. Aimé-Martin, dans ses *lettres à Sophie*, voulant donner un exemple de l'équilibre parfait que la respiration des végétaux forme avec celle de tous les êtres, rapporte ainsi les amours du rossignol et de la Rose.

« Quelle distance sépare le brin

d'herbe de l'ohmme ! et cependant notre vie tient par une double nécessité à l'existence de ce faible végétal. Quelle étonnante création que celle où l'on ne peut rien ôter sans que le tout ne périsse ! O Saadi ! tu la connaissais sans doute cette loi sublime de l'harmonie de l'univers, lorsque tu chantais les amours du rossignol et de la Rose ; de la Rose muette et superbe, et du rossignol, le rival d'Orphée. »

« Bientôt dans les bosquets du superbe Orient,
La plus belle des fleurs, la Rose va paraître ;
Elle s'ouvre, aussitôt son parfum se répand.
La nymphe des jardins surprise en la voyant,
Croit qu'une autre Vénus en ce jour vient de naître,
Pour la reine des fleurs on veut la reconnaître ;
La Rose est étonnée ; une aimable pudeur
Couvre son sein charmant d'une vive rougeur.
Le rossignol la voit, frappe l'air de son aile,
Respire ses parfums, voltige sur son sein,
Chante l'amour heureux et s'envole soudain,
Quoiqu'il ait fait serment d'être toujours fidèle »

« Arrêtons un moment le volage oiseau, saisissons-le par les ailes, et qu'il soit emprisonné avec le Rosier dans une cage de cristal. Il est donc vrai qu'il va devoir la vie à l'amante que son cœur abandonnait! Privé d'un air nouveau, son joli gosier cesserait bientôt de produire des sons harmonieux, si, par un prodige inconcevable...... Ne devinez-vous pas ce qui va se passer? Déjà le rossignol a vicié, par sa respiration, l'atmosphère de la cage; mais le Rosier, avide de l'air respiré par son amant, l'absorbe, et ne l'exhale doucement, qu'après l'avoir purifié : autant de fois le rossignol le décompose, autant de fois il retient les poisons dans son sein ; et lorsqu'enfin l'oiseau expire en chantant sa reconnaissance, le Rosier se penche, se flétrit et se meurt. »

« Ainsi l'on voit deux vrais amants
Exister l'un par l'autre, avoir même constance,
Confondre doucement leur paisible existence,
  Pour expirer dans les mêmes moments. »

La Rose figure dans une historiette intéressante.

« Le prince de Béarn (depuis Henri IV) n'avait pas encore douze ans, lorsque Charles IX vint à Nérac, en 1565, pour y visiter la cour de Navarre. Les quinze jours qu'il y passa furent marqués par des jeux, des fêtes dont le jeune Henri était déjà le plus bel ornement.

Charles IX aimait à tirer de l'arc; on voulut lui en donner le divertissement, et l'on pense bien qu'aucun de ses courtisans, pas même le duc de Guise qui excellait à cet exercice, n'eut la maladresse de se montrer plus adroit que le monarque. Henri, que l'on appelait encore *Henriot*, s'avance, et, du premier coup, enlève, avec sa flèche, l'orange qui servait de but. Suivant la règle du jeu, il veut recommencer et tirer le premier; Charles s'y oppose et le repousse avec humeur; Henri recule quelques pas, arme son arc et dirige sa flèche sur la poitrine de son adversaire : celui-ci

se met bien vite à l'abri derrière le
plus gros de ses courtisans, et or-
donne qu'on éloigne de sa personne
ce dangereux petit cousin.

» La paix se fit ; le même jeu re-
commença le lendemain : Charles
trouva un prétexte pour n'y pas
venir. Cette fois, le duc de Guise
enleva l'orange qu'il fendit en deux;
il ne s'en trouvait pas d'autres. Le
jeune prince voit une Rose sur le
sein d'une jolie fille qui se trouvait
au nombre des spectateurs; il s'en
saisit et court la placer au but. Le
duc tire le premier, n'atteint pas;
Henri, qui lui succède, met sa flèche au milieu de la fleur, et va la
rendre à la jolie villageoise sans la
détacher de la flèche victorieuse qui
lui sert de tige.

» Le trouble qui se peint sur la
figure charmante de cette jeune
fille, qu'il embellit encore, se communique à celui qui le fait naître,
les doux regards qu'ils échangent à

la dérobée sont les premiers signes de la vie nouvelle qui vient de commencer pour eux.

» En retournant au château, Henri questionne ceux qui l'entourent ; il apprend que l'aimable enfant se nomme Fleurette, qu'elle est fille du jardinier du château, et qu'elle demeure au petit pavillon qui se trouve à l'extrémité du bâtiment des écuries. Dès le lendemrin, le jardinage est devenu la passion de Henri ; il a choisi un terrain de quelques toises aux environs de la fontaine de la Garenne, où il sait que Fleurette se rend plusieurs fois dans la journée ; il l'entoure d'un treillage ; il y fait des plantations où il travaille avec d'autant plus d'ardeur qu'il est aidé par le père de Fleurette, et qu'il a vingt fois par jour l'occasion ou le prétexte de lui parler.

» Depuis près d'un mois Henriot en contait à Fleurette. Henriot et

Fleurette s'aimaient éperdument, sans trop savoir encore ce qu'ils se voulaient; il l'apprirent un soir à la fontaine. Fleurette s'y était rendue un peu tard; l'air était pur; le murmure des eaux, les plaintes du rossignol enchantaient le silence des bois, et la lune éclairait, d'un jour mystérieux, une retraite où la nature est déjà la volupté. Que se passat-il dans cette soirée à la fontaine de la Garenne, entre le petit prince de douze ans et la petite bergère de quatorze? Il est plus aisé de l'imaginer que de le décrire; tout ce que j'ai pu savoir, c'est qu'au retour de la fontaine la bergerette avait pris le bras du prince du Béarn, et que celui-ci portait la cruche sur sa tête. Ils se séparèrent à l'entrée du parc; l'un retourna gaîment au château, l'autre pleura en rentrant dans son modeste réduit.

« Le père de Fleurette ne s'était pas aperçu que sa fille, depuis ce

jour, allait plus tard qu'à l'ordinaire à la fontaine; mais le précep-
teur du jeune prince, le vertueux
la Gaucherie, avait observé que son
royal élève avait toujours un prétexte pour s'échapper à la même
heure; et que par le plus beau
temps du monde, la forme de son
chapeau était habituellement mouil-
lée. Cette remarque éveilla la sur-
veillance du sage Mentor, il suivit
de loin le jeune prince, et arriva,
sans être vu, assez tôt et assez près
pour s'apercevoir qu'il était venu
trop tard. Convaincu, comme Fé-
nélon, que la fuite est le seul remède à certains maux, sans autres
remontrances, il annonça au jeune
prince qu'ils retourneraient le lendemain à Pau, d'où ils partiraient
pour se rendre à l'entrevue de
Bayonne.

« L'instinct de la gloire, et peut-
être celui de l'inconstance, par-
laient déjà au cœur de Henri; cette

nécessité d'une première séparation, qu'il courut en larmes annoncer à Fleurette, trouvait à son insu quelque adoucissement au fond de son âme ; mais comment peindre le désespoir de la naïve et sensible Fleurette ? Dans les derniers moments d'un bonheur prêt à lui échapper, elle pressentait tous les maux de l'avenir. « Vous me quittez, Henri, disait la tendre enfant étouffée par ses pleurs, vous me quittez, vous m'oublierez, et je n'aurai plus qu'à mourir. » Henri la rassura et lui fit le serment d'un amour éternel, que Fleurette seule devait acquitter : « Voyez-vous cette fontaine de la Garenne (lui dit-elle au moment où la cloche du château rappelait Henri, et donnait le signal du départ), absent, présent, vous me trouverez là, toujours là, » ajouta-t-elle avec une expression qu'il n'oubliera jamais.

« Les quinze mois qui s'écoulèrent

jusqu'au retour de Henri au château de Nérac, avaient développé
dans l'âme du jeune héros des vertus incompatibles avec l'innocence
des premières amours ; et les filles
d'honneur de Catherine de Médicis
s'étaient chargées du soin d'effacer
de son souvenir l'image de la pauvre
petite Fleurette : celle-ci, plus af-
fligée que surprise d'un changement
dont sa raison précoce l'avait dès
long-temps avertie, ne lutta pas
contre un malheur qu'elle avait
prévu, et ne songea plus qu'à s'y
soustraire.

« Elle avait vu plusieurs fois le
prince de Béarn se promener dans
la Garenne avec mademoiselle d'A-
yelle, et n'avait pu résister au désir
de se trouver un jour sur leurs pas.
La vue de Fleurette plus belle encore de sa tristesse et de sa pâleur,
réveilla, dans le cœur du jeune
prince, un tendre souvenir : il se
rendit, le lendemain matin, à son

logement, la trouva seule et lui donna rendez-vous à la fontaine de la Garenne : j'y serai à huit heures, répondit la jeune fille sans lever les yeux de dessus son ouvrage. Henri s'éloigna aussitôt ; il attendit, avec toute l'impatience d'un premier amour, qu'un regard de Fleurette avait ranimé dans son sein, l'heure qui devait la lui rendre. Elle sonne ; il sort du château par une porte dérobée et passe à travers les taillis du bois, de peur de rencontrer quelqu'un dans les allées. Il arrive à la fontaine ; Fleurette ne paraît pas ; il attend quelques minutes ; le moindre bruit des feuilles fait tressaillir son cœur : il va, vient, s'arrête...., approche de la fontaine ; une petite baguette est plantée sur l'endroit même où il s'est tant de fois assis près de Fleurette. C'est une flèche ; il la reconnaît ; la Rose fanée y tient encore ; un papier est attaché à la pointe ; il le prend, cherche à le lire,

mais le jour s'est éteint...Palpitant,
inquiet, troublé, il revole au château, ouvre le fatal billet, et lit ces
mots.... « Je vous ai dit que vous
» me trouveriez à la fontaine ; peut-
» être avez-vous passé près de moi
» sans me voir ; retournez-y et cher-
» chez mieux.... Vous ne m'aimiez
» plus..., il fallait bien... Mon Dieu!
» pardonnez-moi !... »

« Henri a deviné le sens de ces pa-
roles ; le palais retentit de ses cris :
on accourt ; des valets, munis de flam-
beaux, le suivent à la Garenne. Pourquoi s'appesantir sur de cruels dé-
tails? Le corps de l'aimable enfant
fut retiré du fond du bassin où s'é-
panchaient les eaux de la fontaine, et
déposé entre les deux arbres qu'on
y voit encore. Les regrets déchirants,
la douleur de Henri, qui resta du
moins fidèle au souvenir de Fleurette, ne peuvent qu'honorer la mémoire du prince. »

Dans le conte de la *Belle et la Bête,*

une Rose cause d'abord beaucoup
de chagrin, et finit par occasionner
le mariage d'une jeune et belle personne avec un prince charmant. Un
marchand, au moment de se mettre
en voyage, demanda à ses trois filles
ce qu'elles voulaient qu'il leur rap-
portât : les deux premières désirè-
rent des robes et autres objets de
parures ; mais Zémire, la plus jeune
ne réclama qu'une Rose :

> Je ne veux qu'une Rose : elle me sera chère
> Plus que le don le plus brillant,
> Et je dirai : c'est à moi que mon père
> Daignait penser en la cueillant.

Le marchand, après une longue
navigation, peu heureuse pour ses
intérêts, et qui ne lui permit pas de
remplir les commissions de ses aî-
nées, revenait chez lui, lorsque les
vents contraires le forcèrent à relâ-
cher dans un endroit où se trouvait
un château inhabité. Cependant son
domestique et lui eurent une table

bien servie et toutes sortes de commodités dans ce séjour mystérieux. Au moment de le quitter, le marchand ayant aperçu un Rosier, se ressouvint de la demande de Zémire, et il s'approcha de cet arbuste pour y cueillir une Rose; mais à peine il l'avait détachée de sa tige, qu'un monstre se présenta à lui et l'accabla de reproches pour lui avoir pris une fleur à laquelle il attachait le plus grand prix. Le marchand essaya vainement de calmer son courroux, il n'obtint que la faveur d'aller voir sa famille pour la dernière fois, et fut obligé de s'engager, sur parole, à revenir bientôt se livrer à la mort, ou d'abandonner une de ses filles à l'horrible maître du château. On pense bien que le pauvre marchand arriva chez lui bien désolé. Il remit pourtant la Rose à Zémire sans lui rien faire connaître de ce qu'elle lui coûtait, et l'aimable enfant se livra à toute la joie que lui inspirait cette possession.

Rose chérie !
Aimable fleur !
Viens sur mon cœur....
Qu'elle est fleurie !
Ah ! quelle odeur ! etc.

Cependant la tristesse de son père, dont il cachait la cause, lui donnant une vive inquiétude elle questionna et pressa tellement le domestique qui avait été du voyage, qu'elle lui arracha l'aveu de ce qui s'était passé. Elle n'hésita pas un instant, et guidée par les renseignements qu'elle eut le soin de prendre, elle parvint jusqu'au château d'Asor, c'est ainsi que s'appelait le monstre.

Enfin, pour abréger, ce monstre n'était rien moins qu'un beau prince qu'une méchante fée avait changé en une bête hideuse, et qui devait rester sous cette figure jusqu'à ce qu'une belle fille consentît à l'épouser malgré sa laideur. Zémire, pour sauver la vie de son père, et par reconnaissance pour les bons procédés que le monstre avait eus pour elle, l'ayant accepté pour époux, Azor reprit aussitôt sa première forme pour la conduire à l'autel.

Un petit conte arabe, tiré d'Al-Mofadal, a été ainsi mis en vers :

J'allais pour saluer le père des croyants ;
Près de lui se trouvait un vase plein de Roses,
D'une pourpre éclatante et fraîchement écloses,
Et telles qu'on les voit dans le plus beau printemps.
Près des Roses brillait une fille charmante,
Fille rare en beauté, l'honneur de nos déserts,
Qui modeste autant que savante,
Connaissait l'art heureux d'assortir de beaux vers.
Jeune homme, dit le prince, il faut nous faire entendre
Sur la Rose naissante un couplet gracieux :
La Rose, dis-je alors, est un présent des dieux,
Tel que la jeune fille au regard doux et tendre
Qui commence à rougir et qui baisse les yeux.
Alors de mon couplet imitant la cadence :
La Rose, dit la fille, est comme la rougeur,
Prince, qui de mon front anime la pudeur,
Quand d'un de vos regards j'obtiens la préférence.

François 1er comparait une cour sans femmes à une année sans printemps, un printemps sans Roses.

« Les beaux esprits, disait quelqu'un, sont comme les Roses : une seule fait plaisir, un grand nombre entête. »

Pour prouver la prééminence des vieillards sur les vieilles femmes, madame de Genlis dit : — Quand le temps dessèche un chêne, on dit qu'il se couronne, quand il commence à décolorer une Rose, on dit qu'elle est flétrie.

Les oiseaux affectionnent aussi beaucoup les Roses, et plusieurs espèces, telles que le rossignol, le bouvreuil et la fauvette nichent de préférence dans le Rosier. Dans le jardin du château de Moumour, en Béarn, il y avait, naguère, un grand nombre de Rosiers et presque tous, au printemps, renfermaient des nids. C'était quelque chose d'infiniment gracieux que de voir la tête d'une fauvette remuer au milieu d'une touffe de Roses.

Un observateur a publié qu'une jeune fille était venue au monde, ayant sur le front l'empreinte d'une branche de Rosier bien marquée.

On voit des Roses sur les médailles de Rhodes, de Roda en Espagne, de Rhodanusia dans les Gaules, et de Cythnus (*Pembrok*) dans la mer Égée.

La Rose figure aussi dans le Blason. Elle s'appelle soutenue, quand elle est représentée avec sa queue ; elle est quelquefois d'un même, et quelquefois d'un différent émail, mais toujours épanouie.

On appelle *Roses*, de petites étoffes de soie, de laine et de fil, dont les façons représentent des espèces de Roses.

Enfin, l'architecture et plusieurs autres arts ont leurs Roses. Il y a Rose de vent, Rose d'ornement, Rose de compartiment, Rose de moderne, Rose de pavé, Rose de boutonnier, Rose de luthier, Rose de serrurerie, etc., etc.

MONOGRAPHIE

des Roses.

—

Le ciel a permis qu'une des plus gracieuses créations du règne végétal, fût à peu près répandue sur tout le globe, et quoique le Rosier semble s'attacher de préférence à l'hémisphère septentrional, il pénètre cependant au-delà de la limite que lui avaient assignée primitivement les botanistes à la 20e parallèle, puisqu'il croît à San-Pedro, au Mexique et dans l'Abyssinie. On le rencontre depuis les côtes de Barbarie jusqu'à celles de la baie d'Hudson ; sous le climat brûlant de l'Espagne, comme sous la zone glaciale du Kamtschatka ; et lorsque sa fleur s'épanouit sur la neige qui couvre le sol du Groenland, elle parfume en même temps les bosquets de l'Inde, de la Perse et de l'Egypte. En Asie, c'est principalement dans la Chine et au Japon que les espèces et les variétés sont les plus multipliées ; en Europe, la France, les Pyrénées, les Alpes, la Suisse et l'Allemagne, forment les contrées privilégiées de la Rose. Celle des champs (*Rosa arvensis*), couvre toute l'Europe ; celle des haies (*Rosa canina*) se propage également en Europe, dans le nord de l'Amérique et dans celui de l'Asie.

Les Romains, qui vouèrent un véritable culte aux Roses n'en connaissaient cependant qu'un petit nombre d'espèces, dont Pline nous a conservé les noms.

« Les Roses les plus estimées, dit-il, sont les *Prénestines,* puis les *Coronéoles* (notre rosier musqué à tiges rampantes), parce qu'on les emploie particulièrement dans la composition des couronnes. Quelques-uns ajoutent les *Milésiennes* (notre Rose de Provins), qui sont les plus fortes en couleur et qui n'ont que douze feuilles. La *Trachinéenne* (notre Rose incarnate), moins rouge, vient après. La Rose dont on fait le moins de cas est l'*Alabaude,* dont les pétales sont blancs. La *Spinéole* (notre rosier épineux), qui offre plusieurs feuilles très-petites, n'est pas non plus fort recherchée. Nous possédons également l'espèce à *cent feuilles* (notre Rose de Hollande), la *Grecque* (notre Rose des haies), que les grecs appellent *Lichnis,* qui est inodore, à cinq feuilles grandes comme celles du violier, et qui ne se plaît que dans les lieux humides; la *Grécule,* dont les pétales toujours entortillés,

ne s'épanouissent jamais, à moins·
qu'on ne les ouvre avec la main;
vient enfin l'espèce appelée *Mos-
cheuton*, qui a des feuilles comme
l'olivier, une tige comme la mauve.»

La Rose du mont Pangée, est notre Rose canelle. Les Roses de Cam-
panie étaient les plus recherchées;
les Romains s'en servaient pour la
composition de leurs parfums les
plus délicats.

Il paraît que les anciens ne con-
nurent point notre Rose jaune, ni
même notre Rose blanche, à moins
que cette dernière puisse être rap-
portée à leur *Alabaude*.

La forme du fruit du Rosier per-
met de répartir les espèces dans trois
sections bien distinctes. La première comprend les Rosiers à *Fruit
globuleux* ou *rond;* la seconde, les
Rosiers à *Fruit presque globuleux;* et
la troisième, les Rosiers à *Fruit ovale*.

Nous négligerons ici cette classi-
fication, trop aride pour le cadre

dans lequel nous nous renfermons,
et nous suivrons l'ordre dans lequel
les Roses se présentent le plus naturellement à l'observation. Toutefois, afin d'aider les personnes qui
voudraient les ranger méthodique-
ment, nous ferons précéder le nom
du Rosier, d'un chiffre indiquant
la section dans laquelle il faut placer l'espèce.

D'aprèsnotre principe, nous com-
mencerons par la Rose à *Cent feuilles*, qu'il serait mieux d'appeler Rose
à *Cent pétales*, et qui occupe le premier rang dans les jardins. C'est en
effet à ses fleurs arrondies, brillantes et parfumées que les poètes ont
adressé leurs nombreux éloges; ce
sont elles que les peintres ont choi-
sies pour modèle, et que les fleuris-
tes, ou fabricants de fleurs artificiel-
les, imitent avec une si grande per-
fection, que l'œil peut souvent s'y
méprendre.

6.

Un jour la Rose artificielle
Voulant sur l'autre avoir le pas,
Lui disait : — je suis aussi belle,
Mais un jour ne me flétrit pas.
La beauté me prend pour parure,
Je sers à relever ses dons ;
J'imite si bien la Nature,
Que j'ai trompé des papillons.

— Ah ! dit la Rose naturelle,
Si ma fraîcheur passe en un jour,
Un seul bouton me renouvelle,
Je renais encor pour l'Amour.
De ce bouton qui vient d'éclore,
Tu n'imites pas les couleurs ;
On n'a pas vu la tendre Aurore,
Sur ton trépas verser des pleurs.

A.

III. ROSIER A CENT FEUILLES.

— (*Rosa centifolia.*) Ce Rosier s'élève à 6 ou 8 pieds ; il fleurit au printemps et donne quelquefois des fleurs en automne. Les variétés de ce Rosier sont d'autant plus nombreuses que la culture en donne chaque jour de nouvelles ; il serait donc superflu de citer toutes celles qui ont été remarquées et qu'on ne rencontrerait peut-être plus, il suffit d'indiquer celles qui se reproduisent communément.

— ROSIER DE HOLLANDE. (*R. Hollandica cent.*). Fleurs très-grandes, mais qui, en s'épanouissant, ne conservent pas la forme arrondie ; feuilles ordinairement rougeâtres à leurs bords.

— ROSIER CENT FEUILLES A FLEURS SIMPLES. (*R. cent. simplex*). Fleurs larges, d'un rose vif ; feuilles d'un vert plus tendre que dans l'espèce commune. Cependant ce Rosier est rarement tout à fait simple.

— ROSIER DES PEINTRES (*R. cent. semi plena*). Fleurs pleines, dont les pétales du centre sont d'un incarnat très-vif, disposées trois à quatre sur le même corymbe ; feuilles non rougeâtres en leurs bases, grandes, fermes, pâles en dessous.

— ROSIER COULEUR CHAIR ou ROSIER VILMORIN. (*R. cent. carnea.*)

Tiges hérissées, fleurs moyennes, d'un rose couleur chair; feuilles d'un vert clair et un peu cotonneuses en dessous.

—Rosier unique. (*R. cent. mutabilis*). Boutons teints à l'extérieur du rose le plus vif, ce qui donne à croire que la fleur épanouie sera intérieurement de la même couleur, tandis qu'elle est du blanc le plus pur. Ce Rosier, publié par Dupont, a été trouvé dans une ferme, où il était cultivé depuis long-temps, par Greenvood, pépiniériste à Kensington. On le greffe sur l'églantier.

— Rosier multiflore ou petite Hollandaise hative des jardins. (*R. cent. multiflora*). Rameaux feuillés, fleurs moyennes , très-doubles , d'un beau rouge et en grand nombre.

— Rosier mousseux. (*R. cent. muscosa*). Fleurs grandes, doubles et qui répandent une odeur suave ; extrémités des rameaux et des cali-

ces couvertes d'épines molles, ra-
mifiées, d'un vert brunâtre, longues, odorantes, et qui ressemblent
à la mousse. On le greffe souvent
sur l'églantier. Il y a une sous-
variété à petites fleurs. Miller est le
premier qui ait cultivé le rosier
mousseux en 1727, et c'est à madame de Genlis qu'on doit le premier
qu'on a vu à Paris.

En Allemagne et près de Berlin,
ce Rosier s'élève à la hauteur de
quelques arbres.

— Rosier mousseux a fleurs
blanches. (*R. cent. muscosa alba*)
Feuilles glauques, peu dentées, fermes et un peu arrondies; fleurs
blanches. Ce Rosier est moins mousseux que le précédent. Il y a aussi
des Roses mousseuses pourprées ;
d'autres à feuilles de chanvre, à
feuilles de sauge; à fleurs d'anémone ; de panachées. Enfin, on cultive la Rose mousseuse prolifère et
la semi-double.

Le Rosier pompon mousseux est nain dans toutes ses parties ; ses fleurs sont pleines et d'un rose pâle.

— Rosier prolifère ou Rosier folié. (*R. cent. foliacea*). Rameaux quelquefois triphylles ou monophylles à leur extrémité ; fleurs solitaires à l'extrémité des rameaux, portant, communément, dans leur centre, le rudiment d'une autre Rose, laquelle, s'épanouissant à son tour, donne quelquefois une Rose aussi prolifère ; on en a vu jusqu'à trois et quatre ainsi enfilées ; divisions calicinales se prolongeant en autant de feuilles profondément incisées.

— Le Rosier Caroline de Berri, a des folioles incisées et pinnatifides, un peu semblables à celles du précédent. Ses fleurs sont grandes et d'un rose clair.

— Rosier oeillet. (*R. cent. cariophyllata*) Fleurs dont les pétales contournées se disposent tellement qu'elles ont l'aspect de l'œillet. Cette singularité a fait donner encore à cette Rose le surnom de *guenille.* C'est en l'an 1800 que cette variété fut produite par un Rosier à cent feuilles qui avait dégénéré dans un jardin de Mantes. Son rapport avec l'œillet a fait croire aussi qu'elle en avait l'odeur.

— ROSIER A FEUILLES DE CÉLERI. (*R. cent. bipinnata*). Feuilles remarquables par l'espèce de frisure de leurs divisions.

— ROSIER A FEUILLES DE LAITUE. (*R. cent. bullata*). Fleurs grandes et doubles; feuilles ondulées, contournées et remarquables par leur largeur.

— ROSIER CRÉNELÉ. (*R. cent. crenata*). Feuilles crénelées; fleurit rarement et est peu connu.

— ROSIER A FEUILLES DE CHÊNE VERT. (*R. cent. illicifolia*). Fleurs moyennes, doubles, de couleur rose;

feuilles semblables à celles du chêne vert.

LE ROSIER A FEUILLES D'ORME. (*R. cent. ulmifolia*). Difère peu du précédent, si ce n'est que ses folioles sont moins froissées, et que ses aiguillons sont plus forts.

— ROSIER A FUEILLES CRÉNELÉES. (*R. cent. crenata*). Folioles arrondies, profondément dentées; fleurs pleines, petites.

— BOSIER DE BORDEAUX, OU GROS POMPON. (*R. cent. burdigalensis*). Ce Rosier ne diffère guère du cent feuilles commun que par ses fleurs dont les pétales sont plus serrés les uns sur les autres.

ROSIER CENT FEUILLES PANACHÉ. (*R. cent. belgica, flore albo violacea*). Tige fort peu garnie d'aiguillons courts; feuilles composées de cinq folioles épaisses, dentées, pointues, d'un vert un peu terne, blanchâtre en dessous; fleurs blanches de trois à quatre ensemble, grosses et si doubles, qu'elles ne peuvent parvenir à leur complet épanouissement; l'intérieur est lavé d'une teinte violette.

— ROSIER ANEMONE. (*R. cent. anemonæ flora*). Pétales intérieurs étroits, presque linéaires, roulés en dedans ; pétales extérieurs au nombre de cinq, larges et d'un rouge moins foncé que dans le Rosier d'Hollande.

— ROSIER INCARNAT OU LA CONSTANCE. (*R. cent. incarnata.*) Fleurs très-grandes, doubles, blanches, légèrement carnées; pétales intérieurs lavés d'un rose tendre. Originaire d'Hollande.

— ROSIER CRAMOISI. (*R. cent. rubiginosa*). Fleurs grandes, d'un rouge foncé, mais d'une odeur peu prononcée.

— ROSIER AURORE. (*R. cent. purpurascens*). Fleurs dont la couleur tire légèrement sur le jaune.

— ROSIER A CRÉTÉ. (*R. cent.*

cristata). Fleurs grandes et pleines, plusieurs sépales subdivisées en courtes lanières.

Les variétés qui précèdent sont les plus constantes, mais viennent ensuite :

L'Illustre en beauté, fleurs pleines, moyennes et d'un rose carminé.

Le duc de Choiseul, fleurs doubles, grandes et d'un rose vif et maculé.

La Coquille, fleurs semi-doubles, moyennes et d'un rose clair.

Le Robin, fleurs semi-globuleuses, pleines, penchées et d'un rose pâle.

L'Artémise, fleurs doubles, moyennes, et d'un rose pâle.

Le Petit César, fleurs doubles, moyennes, irrégulières et roses.

Le Van Spandonck, fleurs pleines et d'un rose vif.

La Comtesse d'OEttingen, fleurs doubles, petites et carnées.

La Clélie, fleurs semi-doubles, globuleuses et d'un rose brillant.

La Claire, fleurs doubles, moyennes, gracieuses et d'un rose vif.

La Virginale, fleurs semi-doubles, moyennes et d'un rose carné.

La Betzi, fleurs pleines et d'un rose pâle.

La Belle Hélène, fleurs semi-doubles, grandes et d'un rose brillant.

Le Byron, fleurs semi-doubles, globuleuses et rouges.

La Transparente, fleurs pleines, moyennes et carnées.

La Duchesse d'Angoulême, fleurs pleines, moyennes et d'un rose clair et brillant.

Le Varin, fleurs très-doubles et d'un rose clair.

Le Triomphe, fleurs pleines, grandes, penchées et d'un pourpre clair.

La comtesse de Chamois, fleurs pleines, globuleuses, moyennes et d'un carné pâle.

Le Vandaël, fleurs doubles, grandes et d'un pourpre foncé.

La Mère Gigogne, fleurs pleines, moyennes et d'un rose foncé.

L'Hébé, fleurs très-doubles, gran-et d'un rose vif.

L'Irène, fleurs pleines, moyennes et d'un beau rose.

La Cléopâtre, fleurs pleines, moyennes, odorantes et d'un rose pâle.

La Précieuse, fleurs très-doubles, moyennes, d'un rose pâle, et par deux et trois ensemble.

La Déjanire, fleurs pleines, moyennes et d'un rose clair.

II. ROSIER DE PROVINS. (*Rosa gallica*). Le Rosier gallique, origi-naire de Syrie, fut, dit-on, apporté à Provins, dans le temps des Croi-sades, par un comte de Brie. Selon M. Opoix, cette Rose est la même si connue à Rome sous le nom de Rose milésienne, parce qu'on la ti-rait alors de la ville de Milet, dans l'Asie mineure. On appelle vulgai-rement les grands et les petits *Pro-*

vins, grands et petits *Saint-François.*

Ce Rosier forme un buisson qui
s'élève de deux à quatre pieds; ses
tiges, assez faibles, se divisent en
rameaux nombreux armés d'aiguillons inégaux et presque droits; le
fruit est globuleux et d'un brun
rougeâtre; les feuilles sont composées de cinq à sept folioles ovales,
aiguës et d'un vert foncé; les fleurs
naissent à l'extrémité des rameaux,
quelquefois solitaires, quelquefois
au nombre de deux ou trois; elles
sont grandes, d'un rouge plus ou
moins foncé, et presque inodores.

Ainsi que le Rosier à cent feuilles, le Rosier de Provins offre des
variétés sans nombre et établies sur
la couleur, les nuances et les dimensions de la fleur, Un Hollandais,
amateur de fleurs, possédait dans
son jardin quatre cents variétés de
ce seul Rosier. M. de Pronville,
dans sa nomenclature raisonnée des

espèces variétés et sous-variétés du genre Rosier, a divisé en cinq sections les variétés du Rosier de Provins.

Ire SECTION, LES POURPRES.

— LA POURPRE SEMI - DOUBLE. Fleurs grandes, d'un rouge clair, assez vif, C'est elle que l'on cultive avec profusion aux environs de Paris et de Provins, pour l'usage des pharmaciens et des confiseurs.

— LA POURPRE PONCEAU. Est plus double que la précédente. Fleurs grandes, d'un rouge foncé très-vif.

— LA JUNON. Fleurs très-doubles, d'un rouge clair et égal. Ce Rosier végète rapidement et forme de belles têtes lorsqu'il est greffé

— LE ROI DES POURPRES. A du rapport avec la précédente. Fleurs plus doubles et plus grandes, même intensité de couleur.

— LE GRAND CRAMOISI DE TRIA-

non. Fleur peu double, mais régulière et d'une couleur égale. C'est
la plus foncée d'entre les pourpres.

Les variétés qui viennent d'être
nommées, ont fourni aussi celles
qui suivent :

L'Anacréon, fleurs très-doubles,
assez grandes, couleur lie de vin
et quelquefois à bords pâles.

Le Philéas, fleurs doubles,
grandes, à pétales échancréeset d'un
pourpre vif.

L'Adriadne, fleurs pleines, bombées et d'un rose foncé.

La Bizarre, fleurs pleines,
moyennes et d'un rose foncé.

La Félicie, fleurs pleines, petites, d'un pourpre foncé et maculé.

Le triomphe des dames, fleurs
pleines, moyennes, bombées, pourpres et nuancées de violet.

Le feu turc, fleurs arrondies,
moyennes et couleur feu.

L'Ildephonse, fleurs pleines,
très-belles et d'un pourpre violet.

La belle Aspasie, fleurs semi-doubles, grandes, veloutées et d'un beau pourpre.

La Terminale, fleurs pleines, moyennes, bombées et d'un pourpre clair.

La Philomèle, fleurs pleines, moyennes et pourpres.

L'Aréthuse, fleurs pleines, moyennes et pourpres.

La belle Esquermoise, fleurs pleines, grandes et d'un rose lie de vin.

Le grand Mogol, fleurs pleines, moyennes, bombées et d'un rose foncé.

Le roi de Rome, fleurs pleines, moyennes et d'un rose foncé.

La Zaïre, fleurs demi-doubles, grandes et d'un rose violacé,

La Cora, fleurs doubles, petites, nombreuses, disposées en corymbe et d'un rouge foncé et velouté.

L'Érigone, fleurs pleines, moyennes et d'un pourpre clair.

L'Orientale, fleurs pleines, moyennes et d'un rose vif.

L'Orphèse, fleurs pleines, grandes et d'un rose foncé.

IIe Section. LES ROSES ET LES ROUGES.

— L'ornement de parade. C'est une des plus belles variétés. Les fleurs, entièrement épanouies, ont trois pouces de diamètre et quelquefois davantage.

— La grandesse royale, pivoine des hollandais ou lustre d'église. Fleurs globuleuses, même dans leur développement, et d'un rouge tirant sur l'hortensia.

— Rose panachée. (*Rosa gallica variegata*). Remarquable par ses fleurs blanches panachées et jaspées de rose, qui la couvrent entièrment en juillet; mais ces fleurs durent peu.

— Rose pivoine ou nouvelle pi-

VOINE, appelée encore GRAND TRI-
OMPHE, par Godefroy. C'est peut-
être la plus belle variété du Rosier
de Provins. La fleur est très-grande,
double, d'un rose tendre, mais plus
vif dans le centre.

— ROSE MAUVE ou ancienne PI-
VOINE des jardiniers. Fleurs grandes, semi-doubles, d'une forme régulière ; pétales striés ou jaspés en
rose sur un fond pâle, elles se succèdent jusqu'au mois d'août, ce qui
est un avantage dans ce genre.

— L'AIMABLE ROUGE, appelée CENT
FEUILLES D'ANGLETERRE par Noisette,
et ROSE HORTENSIA par Godefroy,
est remarquable par sa couleur d'un
beau rose hortensia, se teignant en
blanc vers le bord des pétales.

Ces premières variétés produisent
ensuite :

La belle aurore, fleurs pleines,
moyennes et d'un rose pâle à bords
lilas.

La Cornélie, fleurs pleines, bombées et d'un rose vif.

La Jeanne d'Albret, fleurs doubles, grandes et d'un rose foncé à bords pâles.

La Ninon, fleurs pleines, moyennes, bombées et d'un rose foncé.

Le triomphe de Flore, fleurs pleines, moyennes, et Roses à bords pâles.

La Malvina, fleurs doubles, nombreuses, de trois à quatre sur le même pédoncule et d'un rose pâle.

La belle Florentine, fleurs pleines, grandes et d'un rose clair.

La Clothilde, fleurs pleines, moyennes et d'un rose pâle.

La Galathée, fleurs pleines, moyennes et d'un rose clair.

La Cocarde royale, fleurs pleines, grandes et d'un rose pâle.

La Paméla, fleurs pleines, moyennes et d'un rose clair.

La lyre de Flore, fleurs pleines, petites et d'un rose foncé.

La Psyché, fleurs pleines, moyennes et d'un rose carné.

La Beauté riante, fleurs très-pleines, moyennes, bombées et d'un rose foncé à bords pâles.

Le diadème de Flore, fleurs pleines, grandes et d'un rose lilas.

Le général Desaix, fleurs pleines, moyennes, d'un rose foncé et à bords pâles.

L'Octavie, fleurs pleines, moyennes et d'un rose clair, à bords pâles.

La Corine, fleurs pleines, petites, bombées et d'un rose vif, à bords blanchâtres.

L'Aricie, fleurs pleines, grandes et rouges, à bords lilas.

La Célestine, fleurs doubles, moyennes et d'un rose clair.

L'enchanteresse, fleurs pleines, grandes et d'un rose brillant.

La Paulina, fleurs pleines, moyennes et d'un beau rose.

La Rose aimée, fleurs très-doubles,

grandes et d'un rose clair. Les boutons ont une couleur rouge.

La Pétronille, fleurs pleines, grandes et d'un rose foncé à bords pâles.

La Somptueuse, fleurs pleines,
grandes et d'un rose vif.

La belle Théophile, fleurs pleines,
moyennes et carnées.

L'Andromaque, fleurs doubles,
grandes et d'un rose vif.

La Dorothée, fleurs doubles,
moyennes et d'un rose vif.

La Phaloé, fleurs pleines, grandes, bombées et d'un rose vif.

La Catherine de Médicis, fleurs
très-doubles, grandes et rouges.

La Reine de Prusse, fleurs doubles,
moyennes et d'un très-beau rouge.

Le Manteau royal, fleurs doubles,
moyennes et de couleur feu.

L'Enchantée, fleurs pleines, très-
grandes et carnées.

La Blanche de Castille, fleurs pleines, moyennes et carnées.

LA ROSE. 7

L'Amphitrite, fleurs pleines, grandes et d'un rose vif.

La Deshoulières, fleurs doubles, moyennes et d'un rose cerise.

La Colette, fleurs très-doubles, moyennes, d'un carmin clair et en bouquet.

La Valentine, fleurs pleines, moyennes et d'un rose foncé.

L'Aphrodite, fleurs doubles, moyennes, d'un rouge nuancé de violet, à pétales frangés et en bouquet.

L'Archidamie, fleurs doubles, très-grandes et d'un beau rouge.

La Clara, fleurs doubles, moyennes et d'un rose foncé.

La Zoé, fleurs très-doubles, grandes et d'un rose vif à bords pâles.

Le Roi de Perse, fleurs très-doubles, grandes et d'un rouge carmin avec les bords lilas.

L'Anne de Boulen, fleurs grandes, d'un rose pâle, ayant au milieu un bouton d'un vert tendre.

La Grande Sultane, fleurs pleines, grandes et d'un rose pâle.

Le Pompon d'Élisa, fleurs pleines, bombées, très-petites et d'un rose clair.

La Princesse de Salm, fleurs pleines, grandes et d'un rose vif.

La Rosella, fleurs pleines, moyennes et d'un rose clair.

L'Herminie, fleurs doubles, moyennes et d'un rouge cramoisi.

L'Eucharis, fleurs pleines, grandes et d'un rose clair.

La Léontine, fleurs pleines, grandes, et d'un rose clair.

Le Laomédon, fleurs pleines, grandes, roses au centre et blanchâtre à la circonférence.

L'Azéma, fleurs moyennes, bombées, d'un rose clair.

Le Boëldieu, fleurs pleines, grandes, nombreuses et d'un rose vif.

L'Ypsilanti, fleurs pleines, grandes et d'un rose vif.

L'Athalie, fleurs doubles, grandes et d'un rose foncé.

La Constantine, fleurs pleines, moyennes, d'un rose vif.

La Véturie, fleurs très-doubles, grandes et d'un rose foncé.

La Lady Morgan, fleurs très-pleines, grandes, d'un rouge clair et disposées en corymbe.

L'Hervy, fleurs très-pleines, grandes, nombreuses et d'un rouge vineux.

L'Othello, fleurs très-doubles, moyennes et d'un pourpre cramoisi.

IIIᵉ SECTION. LES VIOLETTES ET LES LILAS.

— LA BELLE VIOLETTE. Fleurs très-doubles et d'un pourpre violet clair égal.

— LE MANTEAU D'ÉVÊQUE. Fleurs grandes, doubles, de couleur violette un peu striée, piquetée quelquefois de petits points blancs. Cette

Rose a une sous-variété nommée *Grand Alexandre* par Godefroy.

— LE MANTEAU POURPRE. Fleurs grandes, à pétales très-larges et d'un pourpre violet éclatant. Cette Rose est moins double que la précédente, mais d'une végétation aussi forte.

— LA REINE. (*R. reginœ dicta*). Fleurs de moyenne grandeur, d'un beau violet clair, pétales à bords blancs.

— LA NOIRE DE HOLLANDE. Fleurs peu doubles, mais remarquables par leur couleur, d'un violet tirant sur le noir.

Après celles-là viennent :

La Jeanne Gray, fleurs très-pleines, moyennes et violacées.

Le duc de Beaufort, fleurs très-doubles, grandes et d'un violet cramoisi.

L'ornement de la nature, fleurs doubles, petites et d'un rose lilas clair.

La Néala, fleurs pleines, moyennes et d'un pourpre violet, à bords pâles.

Le *Grand Apollon*, fleurs doubles, très-grandes et violettes.

La *Brigite*, fleurs pleines, moyennes et d'un pourpre violet foncé.

La *Karaïskaki*, fleurs pleines, moyennes et d'un pourpre foncé, à bords pâles.

Le *Bracelet d'amour*, fleurs très-pleines, moyennes et d'un rose lilas.

Le *Duc de Bordeaux*, fleurs pleines, grandes et d'un rose lilas clair.

La *Violette crémer*, fleurs très-doubles, grandes et d'un violet foncé.

L'*Ombrée parfaite*, fleurs pleines, moyennes et d'un pourpre violet ombré.

La *Flamboyante*, fleurs doubles, petites et d'un pourpre bleuâtre foncé.

L'*Otaïtienne*, fleurs pleines, très-grandes, d'un pourpre violet à la circonférence et d'un cramoisi brillant au centre.

La Didon, fleurs pleines, moyennes et d'un rose lilas clair.

L'Eugène, fleurs pleines, moyennes, demi globuleuses et d'un rose lilas clair.

L'Anaïs, fleurs pleines, petites et d'un rose lilas foncé.

L'Augustine pourprée, fleurs semi-doubles, grandes et d'un pourpre violet.

La Glorieuse, fleurs pleines, petites et d'un pourpre violet très-foncé.

L'Aigle noir, fleurs semi-doubles, moyennes et d'un pourpre velouté.

Le grand Clovis, fleurs pleines, moyennes et d'un rose lilas.

Le cordon bleu, fleurs pleines, grandes et d'un rose lilas foncé.

La duchesse de Collé, fleurs pleines, grandes et d'un pourpre bleuâtre.

IVᵉ SECTION. LES VELOUTÉES.

M. de Pronville appelle veloutées, les Roses de Provins dont les pétales donnent un reflet lorsqu'ils sont exposés à une grande lumière.

—LA MAHECA SIMPLE. Cette Rose est le type des Roses veloutées qu'on peut considérer comme des sous-variétés. Ses pétales sont d'un rouge foncé, nuancé vers le centre.

— LE VELOURS POURPRE. Fleurs très-doubles, moyennes, cramoisies, tirant sur le violet, nuancées d'un pourpre plus clair vers le centre.

— LA SUPERBE EN BRUN. Fleurs d'un cramoisi très-foncé, pétales maculés de taches brunes très-remarqnables, surtout avant l'entier développement de la fleur.

— LE POURPRE CHARMANT, fleurs très-doubles, moyennes, nombreuses, d'un pourpre éclatant, égal et velouté.

— La renoncule. Fleurs moyennes, très-doubles, cramoisies, pétales courts , serrés , couchés en dehors dans l'épanouissement ; quelquefois ces fleurs sont prolifères et perdent alors leur éclat.

—La renoncule noiratre. Fleurs moyennes, très-doubles, nuancées du pourpre clair au violet foncé et très-veloutées.

— Le cramoisi brillant. (*R. cramosissimo amplo*). Fleurs grandes , très-doubles, cramoisies et nuancées jusqu'au centre du carmin le plus éclatant.

— Le velours noir. Fleurs grandes, doubles, veloutées , d'un cramoisi très-foncé, presque de couleur puce. Elle se voit à Lille, chez MM. Mieller et Cardon , et dans le jardin fleuriste de Sèvres.

On peut aussi classer avec celles qui précédent :

La Prédestinée, fleurs presque pleines, moyennes et d'un pourpre noir.

7.

Le Syrius, fleurs doubles, grandes et d'un cramoisi brillant.

Le bouclier d'Astolphe, fleurs doubles, moyennes et d'un cramoisi brillant.

La Reine des Pays-Bas, fleurs pleines, moyennes et d'un beau cramoisi.

L'Ourika, fleurs très-doubles, grandes et d'un brun foncé.

La Proserpine, fleurs doubles, moyennes et d'un pourpre noir.

Le Graindhort, fleurs très-pleines, moyennes et d'un pourpre cramoisi.

Le Roi d'Angleterre, fleurs très-pleines, moyennes et d'un pourpre cramoisi.

La Rose marjolin, fleurs très-pleines, grandes et d'un cramoisi presque violet.

L'Ombre précieuse, fleurs pleines, moyennes et d'un brun foncé.

La Cybèle, fleurs pleines, grandes et d'un pourpre foncé.

La Napolitaine, fleurs très-doubles, moyennes et d'un cramoisi tirant sur le pourpre.

Ve SECTION. LES POMPONS.

— LE SAINT-FRANÇOIS (*R. gallica minor*). Cette Rose qu'on trouve à Trianon et dans plusieurs pépinières, ressemble absolument à la Rose gallique dont elle a tous les caractères. C'est le plus petit des pompons; on ne le connaît que double; sa fleur est d'un pourpre violet. Greffé sur l'églantier, il forme une jolie tête qui se couvre de fleurs en juillet.

Voici d'autres variétés de la Rose de Provins qui ne sont point encore classées dans la division précédente.

— LA MULTIFLORE. Fleurs grandes, nombreuses, d'une odeur agréable; la corolle, semi-double, se compose de six à sept rangs de pétales de couleur rose.

— L'ARGENTÉE. La corolle bien

double est blanche sur les bords et d'une belle couleur de chair dans le cœur. La fleur répand une odeur suave, mais faible.

— LA MÈRE GIGOGNE. Fleurs grandes, inodores ; corolle formée de plusieurs rangs de pétales d'un rouge cramoisi.

On peut aussi former une VIᵉ SECTION des marbrées et panachées, telles que celles-ci :

La Joséphine, fleurs semi-doubles, moyennes, d'un rose vif, et ponctuées.

La Laodicée, fleurs doubles, grandes et d'un rose maculé.

Le Triomphe d'Europe, fleurs pleines, moyennes, d'un pourpre violet et marbrées.

La Violette bronzée, fleurs doubles, moyennes, d'un pourpre ardoisé, et marbrées de lilas.

L'Isabelle, fleurs très-pleines, moyennes, d'un rouge pourpre et marbrées de violet.

L'Éponine, fleurs très-pleines, moyennes, d'un lilas ardoisé, et nuancées de rouge.

La Mine d'or, fleurs pleines, moyennes, d'un cramoisi brillant et maculées de pourpre noir.

L'Honorine d'Esquerne, fleurs pleines, grandes, d'un rouge pâle, et marbrées de pourpre.

La Veuve, fleurs très-doubles, moyennes, d'un pourpre violet et marbrées d'un rouge lilas.

L'Ombre sans pareille, fleurs pleines, petites, d'un pourpre foncé et bordées de rose.

Le Salomon, fleurs doubles, grandes, d'un rose tendre et ponctuées de blanc.

La Télésille, fleurs pleines, petites, d'un pourpre clair, et nuancées de violet.

La Joséphine, fleurs semi-doubles, moyennes, d'un rose vif, et ponctuées.

Le Petit maître, fleurs doubles,

petites, d'un rose pourpre et bleuâtres sur les bords.

La charmante Isidore, fleurs très-doubles, moyennes, lilas, et maculées de rose foncé.

Le Ruban doré, fleurs doubles, petites, pourpres avec des raies blanches.

La Georgina-Mars, fleurs très-doubles, petites, d'un rose clair avec des lignes blanches.

La Rose mauve, fleurs semi-doubles, moyennes, lilas et nuancées de rose.

La Villageoise, fleurs semi-doubles, grandes et panachées de rose et de blanc.

L'Arlequin, fleurs très-pleines, moyennes, d'un pourpre violet, et marbrées.

Le Rosier de Provins est cultivé avec d'autant plus de profusion, qu'il est le moins susceptible pour l'exposition et le terrain. Néanmoins, il donne des fleurs en plus grande abondance et plus colorées, dans une terre légère et chaude.

III. ROSIER POMPON. (*R. parvi-flora*). Ce rosier appelé encore *de Bourgogne*, fut rencontré par hasard en 1755, sur une montagne près de Dijon. Ses fleurs devinrent pleines par la culture, et depuis on a multiplié à l'infini cet arbuste charmant. Il ne s'élève pas au-delà de trois pieds ; ses feuilles ont cinq ou sept folioles ; elles sont petites et velues en dessus, les rameaux sont droits et se décorent au mois de mai d'un grand nombre de petites fleurs très-doubles, rouges au centre et d'une nuance qui s'éclaircit à mesure qu'elle approche des bords.

Rien d'élégant comme une branche du Rosier pompon, surtout lorsqu'elle se balance sur le sein d'une jolie femme.

Ah ! toi seule ornes mon séjour,
Belle et charmante miguature,
Petite Rose de l'Amour,
Enfant gâté de la nature !
Viens ouvrir ton joli bouton ;
Sois chez moi toujours souveraine ;
En voyant la *Rose pompon*,
Tes sœurs ont proclamé leur reine.

A.

Le pompon a aussi plusieurs variétés :

— LE POMPON DES DAMES. (*R. normandica*). Fleurs très-doubles, petites, et d'un rose pâle.

— LE POMPON VARIN. Fleurs semi-doubles, petites, d'un rose à la circonférence et plus vif au centre.

— LE POMPON DE KINGSTON. Fleurs très-doubles, petites et carnées.

Il y a des pompons à fleurs blanches et à fleurs pourpres. Ce Rosier se multiplie de boutures.

III. ROSIER DE DAMAS. (*R. damascena*). On le nomme vulgairement : *Rosier de deux fois l'an, Rosier des quatre saisons, et Rosier de tous les mois.* Il forme un buisson touffu qui s'élève de cinq à six pieds; branches nombreuses, garnies d'aiguillons épars, rouges et recourbés; feuilles à sept folioles ovales, aiguës, d'un vert pâle en dessus, légérement velues en dessous; fleurs ramassées en paquets de douze et quelquefois vingt; leur couleur varie du rouge au blanc ; elles se voient les premières, se renouvellent à l'automne, et durent souvent jusqu'aux gelées, surtout si l'on a soin au mois de juillet, de tailler et effeuiller cet arbrisseau , qu'il fau arroser pendant les sécheresses.

Ne laissez jamais se flétrir,
Faute d'une utile rosée,
L'arbrisseau qui doit vous offrir
Cette fleur justement prisée.
Trop d'eau peut aussi l'affaiblir :
Petit à petit qu'on l'arrose,
A l'œil vous verrez s'embellir
Le charmant bouton de la Rose.

A

8.

Ce Rosier a plusieurs variétés.

— ROSIER D'YORCK ET DE LANCAS-
TER. (*Rosa damascena versicolor*)·
Fleurs panachées. Le même pied
porte souvent des fleurs toutes blanches et d'autres tout-à-fait rouges.
Ce Rosier a une sous-variété appelée la FÉLICITÉ.

— ROSIER COULEUR DE CHAIR, ou
ROSE GRACIEUSE. (*R. damascena carnea*). Fleurs grandes, mais d'une
odeur faible.

— ROSIER DE CELS. (*R. damascena mutabilis*). Ce Rosier doit son
nom à M. Cels qui l'a découvert. Ce
charmant arbrisssau est remarquable par ses rameaux qui portent, à
la fois, des fleurs blanches et des
fleurs roses sur le même corymbe.

— ROSIER ARGENTÉ. (*R. damascena argentea*). fleurs moyennes,
blanches et lavées de rose dans le
milieu.

— ROSIER DE DAMAS ROUGE. (*R.
damascena multiflora*). Corymbes

composées de dix à douze fleurs moyennes, Roses portées sur de longs pédoncules écartés, qui couvrent cet arbrisseau de bouquets nombreux. Ce Rosier a deux sous-variétés, la Rose fausse unique et la Rose a bouquets couleur de chair.

— Rosier de Portland. (*R. portlandica bifera*). Fleurs grandes, d'une odeur faible; corolle composée de deux à trois rangs de pétales; étamines nombreuses; stylet longs d'une ligne et réunis en un seul faisceau; folioles d'un vert tendre, plus arrondies que celles du Damas ordinaire. Ce Rosier fleurit en juin, juillet, septembre et octobre.

Le Rosier de Damas produit encore les variétés suivantes :

Là Dame Blanche. fleurs doubles, grandes, d'un blanc pur; boutons rouges.

Damas du Luxembourg, fleurs

rès-pleines, moyennes, d'un rose pâle et carné.

L'Admiration, fleurs pleines, moyennes et d'un rose pâle.

La Théone, fleurs très-pleines, moyennes et d'un rose vif.

La Divinité, fleurs pleines, moyennes, d'un rose pâle et carné.

L'OEillet-Rose, fleurs pleines, petites et d'un rose pâle.

La Cléonie, fleurs pleines, moyennes et d'un rose lilas.

La Célestine, fleurs pleines, grandes et carnées.

La duchessse de Grammont, fleurs doubles, grandes, carnées à la circonférence et d'un rouge vif au centre.

La Thalie, fleurs pleines, petites et d'un rose pourpre.

La Babet, fleurs pleines, moyen- et carnées.

La Faustine, fleurs pleines, moyennes et d'un rouge vif.

L'Isälnie: fleurs pleines, grandes et d'un rose vif.

L'Anarelle, fleurs pleines, petites et d'un rose lilas.

La Pallas, fleurs doubles en bouquets et carnées.

La Coralie, fleurs très-doubles, moyennes et carnées.

La Joséphine-Antoinette, fleurs très-doubles, grandes et d'un beau rose.

La Délicatesse, fleurs très-doubles, moyennes et carnées.

La Théophanie, fleurs doubles, moyennes et d'un rose lilas.

La Belle d'Auteuil, fleurs pleines, moyennes et d'un rose lilas clair.

La Déiphile, fleurs doubles, petites et d'un rose pâle.

L'Olympie, fleurs pleines, moyennes et d'un rose clair.

La Perpétuelle mousseuse, fleurs très-pleines, moyennes et blanches.

L'Elisa Walker, fleurs doubles, grandes et carnées.

L'Admiration, fleurs pleines, moyennes et d'un rose pâle.

La Delphine Gay, fleurs pleines, grandes et d'un rose carné.

La Belle Stéphanie, fleurs pleines, moyennes et d'un rose lilas pâle.

On peut encore regarder comme une variété du Damas le ROSA PESTI de Virgile, qui, selon lui, fleurit deux fois par an. La ville de Pestum, qui n'est plus aujourd'hui qu'un modeste village de la Calabre, fut jadis célèbre par ses belles Roses, qui fleurissaient deux fois l'an.

Le Rosier de Damas est un des plus communs de nos parterres; il répand une odeur agréable, mais ses fleurs se fanent et s'effeuillent facilement.

De toutes parts des fleurs écloses,
Pour te parer viennent s'offrir ;
Mais, quand tu vois partout des Roses,
Tu négliges de les cueillir !

Sophie, il en est temps encore,
Songe en composant tes atours,
Qu'on ne voit plus la Rose éclore
Quand viennent les derniers beaux jours.

Cueillons la Rose, ma Sophie,
Dès que nous la voyons fleurir ;
Demain, peut-être, la prairie
De ses débris va se couvrir ;
D'un rien son éclat se compose ;
Un rien le détruit sans retour ;
Le premier beau jour de la Rose
Est souvent son dernier beau jour.

A.

III. ROSIER GRAND ROYAL. (*R. bifera*). Ce Rosier a du rapport avec le Rosier de Portland, mais ses rameaux sont moins touffus, moins tortueux et plus hérissés d'éguillons ; ses folioles sont ovales, un peu arrondies à leur extrémité, et plus fortement dentées ; ses rameaux sont terminés par un corymbe de trois à six feuilles érigées et presque agglomérées ; les ovaires sont allongés sans aucun rétrécissement vers le calice, et leur base se confond avec le pédoncule qui est court et couvert d'aiguillons. Ce Rosier fleurit avant le damascena et refleurit en septembre.

III. ROSIER BELGIQUE. (*R, belgica*). Ce Rosier qu'on regarde communément comme une variété de celui de Damas, offre cependant des caractères suffisants pour le faire admettre comme espèce. Ses ovaires sont plus ouverts, n'ont point d'étranglement ; ils sont peu glanduleux ; les folioles des calices sont presque toujours simples; les folioles de ses feuilles excèdent rarement le nombre de cinq ; ses fleurs sont rouges ou blanches et répandent une odeur agréable.

Les variétes du Rosier de Belgique, sont :

Le jeune Henri, rameaux pourprés, fleurs pleines, moyennes et d'un rose vif.

La Bisera venusta, fleurs pleines, moyennes et d'un rose pâle.

La Rose préval, fleurs très-doubles, grandes et d'un rose pâle.

La Palmyre, fleurs doubles, moyennes et carnées.

La Sylvie, fleurs pleines, moyennes, en corymbes et d'un rouge vif.

La boule Hortensia, fleurs doubles, moyennes et d'un rose brillant.

Le Miroir des Dames, fleurs pleines, moyennes, en corymbes, carnées au centre et blanches à la circonférence.

La Glycère, fleurs doubles, moyennes et d'un rose clair.

La parure des Vierges, fleurs semi-doubles, moyennes et blanches.

La petite Lisette, fleurs doubles, moyennes et carnées.

La Clarisse, fleurs doubles, moyennes et d'un rose clair.

La Rose Buffon, fleurs très-pleines, moyennes et d'un rose pâle.

La Merveille du monde, fleurs doubles, grandes et d'un beau rose.

III. ROSIER TOUJOURS VERT. (*R. semper virens*). Ce Rosier est ainsi appelé parce qu'il conserve son feuillage toute l'année, ce qui le rend propre à garnir un berceau ou un treillage. Fruit alongé; tiges couvertes d'aiguillons recourbés; feuilles composées de cinq folioles ovales terminées en pointes, d'un vert luisant en dessus, comme en en dessous et subsistantes jusqu'à la pousse des nouvelles; fleurs blanches, finement musquées et naissant en grand nombre à l'extrémité des rameaux.

Le Rosier toujours vert, fleurit en juillet; la gelée lui étant quelquefois nuisible, il convient de l'exposer dans un endroit chaud, ou de l'abriter par le voisinage d'une haie. En général les Rosiers produisent un effet charmant lorsqu'on les dispose dans les haies qui servent

de clôture à nos jardins paysagers.
Cependant la fable suivante nous
dira que la Rose s'est plaint de se
trouver ainsi placée.

Une Rose croissait à l'abri d'un buisson,
    Et cette Rose, un peu coquette,
    N'aimait point son humble retraite ;
C'était même, à l'entendre, une horrible prison.
Son gardien lui disait : « Patience, ma chère,
» Profite de mon ombre, elle t'est salutaire:
» C'est elle du midi qui t'épargne les feux ;
    » Grâce à mes dards épineux,
Des insectes rongeurs tu ne crains point l'outrage;
» Je te défends encor des vents et de l'orage ;
    » Chéris donc ton asyle obscur :
    » Il n'est pas beau, mais il est sûr. »
La Rose est indignée, elle n'en veut rien croire;
    » Vivre ainsi, c'est vieillir sans gloire........ »
Un bûcheron paraît; — Accours, dit-elle, ami,
» Sois mon libérateur, fais tomber sous ta hâche
    » Ce vilain buisson qui me cache. »
Le manant empressé n'en fait pas à demi,
Il abat le buisson. Partant plus de tutelle.
    La Rose de s'en réjouir ;
    Elle va donc s'épanouir,
Charmer tous les regards, attirer autour d'elle
    Le folâtre essaim des zéphirs....
Rose, on va l'appeler des Roses la plus belle......
O fortuné destin ! ô comble de plaisirs !.....
    Tandis que la jeune orgueilleuse
Rêve ainsi le bonheur, et rit d'enchantement,
    Voilà qu'une chenille hideuse
A découvert sa tige, y grimpe lentement,
Et sur son bouton frais se traîne insolemment.
    Un escargot plus vil encore,
    Vient souiller ses appas naissants :

Le soleil à son tour de ses rayons brûlants
La frappe : elle se décolore.
Dans le chagrin qui la dévore
Elle songe au buisson ; mais regrets superflus !
Ce doux abri n'existe plus.
Qu'arriva-t-il ? la Rose
Se fane, tombe, meurt, hélas ! à peine éclose.
N'oubliez pas cette leçon
Innocentes beautés, orgueil de vos familles :
Vos mamans, voilà le buisson ;
Croissez toujours à l'ombre, ou gare.... les chenilles.

Le Rosier toujours vert est originaire d'Italie ; mais il vient naturellement dans les provinces méridionales de la France, et même en Allemagne. On le greffe sur l'églantier.

II. ROSIER DE CHAMPAGNE, ou ROSIER DE MEAUX. (*R. remensis*). Ce Rosier offre un buisson rameux et épais ; aux mois de juin et juillet, il se couvre de fleurs semblables à celles du Rosier pompon ; mais plus grandes et d'un rouge vif. La variété à fleurs doubles est le Pompon des Alpes des jardiniers.

I. ROSIER CANELLE. (*R. cinnamomea*). Il est originaire des Alpes, mais il croît naturellement en Allemagne et dans les bois de l'Auvergne. On l'appelle Canelle parce que sa tige offre la couleur de cet aromate. On le nomme encore Rosier de mai, parce que ce mois est le temps de sa floraison; et du Saint-Sacrement, parce qu'il sert à parer les corbeilles employées dans les cérémonies religieuses. Il forme un buisson qui s'élève quelquefois jusqu'à huit pieds. Sa tige d'un rouge brun et garni d'aiguillons, seulement à la base, se divise en rameaux; les feuilles sont composées de sept folioles d'un vert foncé et glabre; les fleurs sont doubles, rouges et rassemblées au sommet des jeunes rameaux où elles se succèdent pendant un mois environ.

Ce Rosier réussit très-bien dans un terrain frais. On le greffe sur l'églantier. Il y a une variété à fleurs doubles et une à fleurs panachées *Rosa sinnamomea variegata.*

III. ROSIER MUSQUÉ, ou ROSIER D'ALEXANDRIE. (*R. moschata*). Originaire de barbarie, s'élève de six à huit pieds; tiges armées d'aiguillons peu nombreux et recourbés; feuilles composées de cinq à sept folioles ovales, très-aiguës, longues de plus d'un pouce, glabres sur les deux côtés, luisantes et d'un vert foncé en dessus, glauques et tomenteuses en dessous; pétioles très-épineux; fleurs moyennes, nombreuses, blanches, exhalant une odeur de musc très-agréable, et disposées en panicules allongés et terminaux; elles paraissent en juin et durent jusqu'au mois d'août.

Ce Rosier présente deux variétés principales : l'une à fleurs entièrement doubles et roses, l'autre, plus répandue, à fleurs semi-doubles. Viennent ensuite :

L'Ophir, fleurs doubles, petites,

d'un jaune nankin et très-odorantes.

Rose de neige, fleurs simples,
moyennes, en corymbes et blanches.

La Princesse de Nassau, fleurs
très-doubles, moyennes, odorantes
et d'un jaune soufre pâle.

La Noisette blanche simple, fleurs
simples, moyennes, très-odorantes et blanches.

La belle Henriette rose, fleurs
simples, moyennes, odorantes et
d'un rose pâle.

La belle Henriette rose double,
fleurs doubles, grandes et d'un rose
clair.

Le Rosier des fenêtres, fleurs semi-
doubles, moyennes et très-pâles.

La Rose inerme, fleurs simples,
moyennes et blanches.

La végétation de ce Rosier est si
forte, qu'il convient de le placer
contre un mur ou toute autre cons-
truction, mais à l'exposition du

midi. S'il arrive qu'il perde ses tiges au milieu des hivers rigoureux,
on ne doit pas pour cela cesser de
le cultiver, attendu qu'il repousse
toujours de ses racines, et que les
bourgeons donnent ordinairement
des fleurs dès la première année.
On peut les garantir en couchant,
après les avoir empaillées, les branches en terre pendant les gelées. La
greffe sur l'*églantier*, rend ce rosier
plus robuste. La variété à *fleurs
doubles* étant très-délicate, il est
indispensable de lui donner une terre légère et une exposition chaude.

C'est le Rosier musqué que le célèbre *Olivier* a vu formant des arbres de trente pieds de haut dans
les jardins du roi de Perse, à Ispa-
han.

III. ROSIER DU BENGALE, ou
ROSIER TOUJOURS FLEURISSANT
(*R. semper florens*). Originaire de la
Chine, d'où on l'a envoyé en Angle-
terre vers l'an 1771, feuilles, dis-

posées, du reste, comme celles des autres Rosiers, variant dans le nombre des folioles qui sont pointues, d'un vert tendre, bordées d'un rouge léger; branches donnant depuis un jusqu'à cinq et six boutons alongés et terminaux, soutenus sur des pédoncules longs et nus ; ces boutons deviennent autant de fleurs d'une grande fraîcheur, légèrement odorantes, de couleur rose, presqu'aussi fortes que celles du *Cent feuilles de Bordeaux,* mais moins doubles. Pour augmenter le nombre et prolonger la succession de ces fleurs, il faut couper à mesure celles qui se fanent. Le feuillage d'un vert agréable de cet arbrisseau, et le renouvellement successif de ses fleurs, le rendent extrêmement intéressant. Quelquefois la chaleur du jour le flétrit, mais la fraîcheur du soir lui rend promptement la sienne.

Chaque soir l'aile du zéphyre,
De la *Rose* appaise les feux,
Et les parfums qu'il y respire
Embaument son souffle amoureux.

Les variétés du Rosier Bengale sont très-nombreuses, on peut les renfermer dans les quatre divisions suivantes :

FLEURS BLANCHES.

La Bella-Dona, fleurs pleines, grandes, d'un blanc pur et quelquefois carné.

L'Astrée, fleurs pleines, grandes et d'un blanc pur.

Le Roi d'Yvetot, fleurs doubles, grandes, d'un blanc carné et d'un rose vif au centre.

La Reine blanche, boutons roses, arbrisseaux sarmenteux, fleurs semi-doubles, grandes et blanches.

La Taglioni, fleurs très-pleines, grandes, en corymbes et d'un blanc pur.

Le Camélia, fleurs doubles, grandes et d'un blanc pur.

La Caroline de Brunswick, fleurs pleines, grandes et d'un blanc légèrement carné.

Le Narcisse, fleurs doubles, moyennes et d'un blanc jaunâtre.

L'Osiris, fleurs pleines, très-grandes et d'un blanc rosé.

La belle Hélène, fleurs doubles, grandes et blanches.

L'Ondine, fleurs pleines, petites et d'un blanc carné.

La Célestine, fleurs pleines, moyennes et d'un blanc très-pur.

Le Talbot, fleurs doubles, grandes et d'un blanc pur.

Le Courtisan, fleurs doubles, moyennes et d'un blanc pur.

La Zénobie, fleurs doubles, grandes et d'un blanc carné.

FLEURS ROSES.

La Bigottini, fleurs doubles,

moyennes et d'un carné presque lilas.

La Pivoine, fleurs semi-doubles, très-grandes, roses, fruit pysiforme et gros.

Le Nicétas, fleurs très-doubles, moyennes, en corymbes et d'un beau rose.

Le Molière, fleurs semi-doubles, moyennes et d'un rose vif.

L'Etna, fleurs très-pleines, moyennes et couleur feu.

L'Elvinci, fleurs doubles, moyennes et carnées.

La Cariclée, fleurs doubles, grandes et carnées.

L'Anna, fleurs pleines, petites et d'un rose carminé.

La Zostérie, fleurs doubles, moyennes et d'un rose lilas.

La Marie Stuart, fleurs pleines, moyennes et roses.

La Paola, fleurs pleines, moyennes et d'un rose lilas.

La Romélie, fleurs pleines, petites et d'un rose tendre.

L'Anémone rose, fleurs doubles, moyennes et d'un rose carné.

La Natalie, fleurs pleines, moyennes et d'un rose cerise.

La Lavalière, fleurs doubles, grandes, carnées et odorantes.

L'Elvire, fleurs doubles, moyennes, roses et à odeur de thé.

La Marguerite, fleurs doubles, grandes et d'un rose clair.

Le Pompon d'automne ou *Bengale à feuilles de pêcher,* fleurs semi-doubles, petites et roses.

L'Elvinie, fleurs doubles, moyennes et carnées.

Le Bengale à grandes feuilles, fleurs doubles, moyennes, en bouquets et d'un rose tendre passant au pourpre foncé.

Le faux Thé rouge, fleurs pleines, moyennes, d'un rose purpurin et odorantes.

La Palavicini, fleurs doubles,

moyennes et d'un rose lilas.

L'Aphrodite, fleurs pleines, moyennes et d'un carné lilas.

La Zélia, fleurs doubles, moyennes et d'un rose foncé.

L'Anne de Bretagne, fleurs doubles, moyennes et d'un rose vif.

L'Emelina, fleurs pleines, moyennes et d'un rose vif.

La Coupe d'amour, fleurs pleines, moyennes et d'un rose tendre.

L'Aréthure, fleurs doubles, petites et d'un rose tendre.

La Rosa Nora, fleurs presque pleines, moyennes, d'un rose pâle et odorantes.

La Mélanie, fleurs pleines, petites et d'un rose vif.

La Lucrèce, fleurs pleines, moyennes et d'un rose clair.

La Dubocage, fleurs pleines, moyennes et d'un rose clair.

La Robelina, fleurs pleines, moyennes, en corymbes et d'un rose purpurin.

La Georgienne, fleurs très-pleines, grandes et d'un rose lilas.

La Pyrolle, fleurs pleines, moyennes et rose.

L'Euphrosine, fleurs très-pleines, grandes et d'un rose clair.

L'Astrolabe, fleurs pleines, petites et d'un rose vif.

Fleurs rouges ou cramoisies.

L'Olympe, fleurs pleines, grandes et d'un pourpre carmin.

L'Elia, fleurs doubles, moyennes et d'un rouge cerise.

Le Bengale à odeur d'ananas, fleurs pleines, moyennes, d'un rouge foncé et odorantes.

L'Écossaise, fleurs pleines, petites et d'un rouge violacé.

La Flavia, fleurs doubles, moyennes et d'un rouge vif.

L'Ermite de Grandval, fleurs très-pleines, grandes et cramoisies.

La Renoncule noire, fleurs pleines, moyennes et d'un violet très-foncé.

L'Amaranthe, fleurs pleines, moyennes et d'un cramoisi foncé.

Le Sully, fleurs pleines, petites et d'un rose vif.

La Coquette, fleurs pleines, petites et d'un rouge violacé.

Le Caméléon, fleurs doubles, petites, en corymbes et d'un rose tendre passant au rouge foncé.

Le Rubis, fleurs semi-doubles, petites et d'un rouge vif.

Le Colocotronie, fleurs pleines, moyennes et d'un violet foncé.

La fleur de Vénus, fleurs pleines, moyennes et d'un carmin vif.

La Zoé, fleurs doubles, grandes, d'un rouge foncé et d'une odeur de violette.

La Zulmé, fleurs très-doubles, moyennes et d'un rouge pourpre.

Le Brennus, fleurs pleines, grandes et d'un rouge vif.

La bonne Geneviève, fleurs tresdoubles, grandes, d'un rouge vif au centre et violet à la circonférence.

Le Ducis, fleurs presque pleines, moyennes et d'un pourpre violet.

La Nubienne, fleurs pleines, moyennes et d'un pourpre ardoisé.

La Philippine, fleurs doubles, moyennes et d'un rose carné.

La Simplice, fleurs semi-doubles, petites, en bouquets et d'un pourpre violacé.

La Savaunaise, fleurs pleines, grandes et d'un pourpre foncé.

La Thargélie, fleurs pleines, moyennes et d'un pourpre violet.

L'Amadis, fleurs doubles, grandes et d'un rouge vif.

Le Châteaubriand, fleurs doubles grandes, en corymbes multiflores et d'un rouge vif.

L'Eynard, fleurs pleines, grandes et d'un rouge vif.

FLEURS DE COULEURS VARIÉES.

La Rose sans aiguillons, fleurs doubles, moyennes et d'un cramoisi feu brillant.

La belle de Crécy, fleurs pleines, moyennes, en corymbes violettes et ombrées.

La Multiflore, fleurs doubles, moyennes, en corymbes et d'un violet velouté.

La Noémie, fleurs très-doubles, grandes, d'un rose violacé et rayées de blanc.

La Marie, fleurs très-doubles, moyennes, en corymbes, et d'un beau violet.

L'Antiope, fleurs très-doubles, moyennes, et d'un rouge cramoisi marbré de pourpre noir.

La Thurète, fleurs très-doubles, d'un violet foncé.

La Haïtienne, fleurs pleines, moyennes et d'un cramoisi foncé.

La Rose à trois fleurs, fleurs doubles, moyennes et d'un rose carné.

L'Emmeline, fleurs semi-doubles, petites, en corymbes multiflores et d'un violet clair.

Le Parny, fleurs pleines, moyennes et d'un lilas clair.

Le Newton, fleurs pleines, moyennes et d'un violet grisâtre.

La Calypso, fleurs pleines, grandes, rouges au centre et carnées à la circonférence.

La duchesse de Reggio, fleurs pleines, moyennes et d'un violet noirâtre.

L'Adsire, fleurs pleines, moyennes et d'un carné pâle.

La Françoise de Foix, fleurs pleines, moyennes et d'un rose carné très-pâle.

Le Karaïskaki, fleurs très-pleines, grandes, d'un rouge foncé au centre et d'un lilas clair à la circonférence.

La Rosine Dupont, fleurs très-pleines, moyennes, en bouquets de deux à trois, violacées au centre et carnées à la circonférence.

La Pudeur, fleurs pleines, petites et d'un carné pâle.

Le Zéphire, fleurs doubles, moyennes, pétales moitié blancs et moitié roses.

L'Alphonsine, fleurs pleines, moyennes et d'un carmin clair marginé de blanc.

Le Judicelli, fleurs semi-doubles, moyennes et d'un violet strié de blanc.

L'Aline, fleurs semi-doubles, moyennes, blanches au centre et pourpres à la circonférence.

La Charmante, fleurs pleines, grandes et d'un lilas foncé.

La Rose étoilée, fleurs très-pleines, moyennes et d'un rose violacé.

L'Amphytrite, fleurs pleines, moyennes et d'un violet clair.

La Thémire, fleurs pleines, moyennes et d'un lilas pâle.

La belle de Mouza, fleurs pleines, moyennes et d'un pourpre pâle.

La Borghèse, fleurs pleines, moyennes et d'un carné nankin.

L'Acanthe, fleurs pleines, petites et d'un gris de lin.

La Bérémie, fleurs très-pleines, petites et d'un lilas pâle.

La Chinoise, fleurs pleines, moyennes et d'un carné jaunâtre.

La Dalicetti, fleurs doubles, moyennes et d'un pourpre clair.

La Banse, fleurs pleines, grandes et d'un lilas foncé.

Le Bengale odorant, fleurs pleines, grandes et très-suaves.

Le Bengale soufre, fleurs doubles, moyennes et d'un jaune pâle.

III. ROSIER BLANC OU ANCIENNE ROSE ROYALE (*R. alba*). Il faut se garder de confondre cette espèce avec les variétés du Rosier à cent feuilles, et autres qui sont blanches. Le Rosier Blanc, qui se rencontre communément sur les montagnes de l'Europe, offre un arbrisseau qui s'élève de six à quinze et dix-huit pieds; tiges droites, fortes, nombreuses et armées d'aiguillons; feuilles composées de sept ou plus souvent de cinq folioles ovales, glabres, d'un vert foncé en dessus et pâle en dessous; fleurs souvent placées trois ensemble, à l'extrémité des petits rameaux; elles fleurissent en juin, sont un peu carnées lorsqu'elles commencent à s'épanouir, puis elles deviennent très-blanches; elles ont une odeur agréable.

Voici les variétés de ce Rosier :

— Rose blanche a fleurs doubles, ou Rose de l'hymen. (*R. alba flore pleno*). Fleurs qui prennent une légère teinte d'incarnat, au fur et à mesure qu'elles s'épanouissent.

Au fol amour, au grave hymen,
Vénus parlait en tendre mère :
» Vous trouverez dans mon jardin,
» Leur dit-elle, une fleur bien chère ;
» Je la confie à mes deux fils :
» Amour, ayez soin de la Rose ;
» Mais pour lui donner plus de prix,
» Que ce soit l'hymen qui l'arrose. »

— LA GRANDE CUISSE DE NYMPHE. (*R. alba incarnata*). Fleurs légèrement lavées de rose dans le cœur avant leur entier épanouissement, et qui succèdent long-temps. La sous variété s'appelle *Duc d'Yorke*.

— PETITE CUISSE DE NYMPHE. (*R. alba regia carnea*). Fleurs d'un rose très-pâle d'abord, et qui passent bientôt à la couleur de chair qu'elles conservent dans l'épanouissement.

— LA COCARDE. (*R. alba mutabilis*). Boutons roses, mais les fleurs épanouies sont blanches, et quelques unes carnées. Il ne faut pas confondre ce Rosier avec le rosier unique.

LA CÉLESTE, (*R. alba nova célestis*). Fleurs très-doubles, d'un blanc pur, à petits pétales intérieurs roulés en dedans, et dont la transparence leur prête une teinte bleuâtre.

— **La belle aurore.** (*R. alba purpurascens*). Fleurs presque doubles, et dont les pétales sont teints de cette couleur purpurine qu'on observe au lever du soleil, et qui tire un peu sur le jaune.

— **L'Élisa.** (*R. alba nova incarnata*). Fleurs moyennes, et semi-doubles, disposées de six à huit ensemble, et dont les pétales sont teints, vers l'onglet, d'un rose tendre, qui s'efface insensiblement vers le lymbe.

— **Le coeur vert.** (*R. alba virens*). Fleurs moyennes, doubles, parfaitement blanches dans leur entier épanouissement, mais verdâtres dans le cœur, quand elles commencent à s'ouvrir.

— **Rose blanche a feuilles de pêcher.** (*R. alba persicifolia*).

Fleurs doubles et de moyenne grandeur; feuilles semblables à celles du pêcher. Cette variété a été observée par M. le Pelletier. Viennent ensuite :

La Claudine, fleurs semi-doubles, moyennes et blanches.

La vestale, fleurs doubles, moyennes et d'un blanc très-pur.

L'Antoinette, fleurs très-doubles, petites et blanches.

La Blanche marbrée, fleurs doubles, moyennes et blanches.

La Jeanne d'Arc, fleurs très-pleines, moyennes et d'un blanc pur.

L'aimable Félix, fleurs doubles, petites, nombreuses et d'un blanc très-pur.

La jeune Bergère, fleurs doubles, moyennes et blanches.

La Rose vierge, fleurs semi-doubles, moyennes, blanches et odorantes.

La Séduisante, fleurs pleines, grandes et d'un carné vif.

L'Égérie, fleurs semi-doubles, moyennes et d'un rose carné.

La Minette, fleurs pleines, petites et d'un rose clair à bords pâles.

L'Amélia, fleurs pleines, moyennes et d'un rose pâle.

La Placidie, fleurs semi-doubles, moyennes et d'un rose vif.

La Monique, fleurs doubles, moyennes et d'un rose clair.

Le Bouquet parfait, fleurs pleines, moyennes et d'un rose vif.

La Gabrielle d'Estrée, fleurs pleines, et d'un carné pâle.

La Célanire, fleurs pleines, moyennes et d'un rose clair.

La Sara, fleurs pleines, petites et d'un rose pâle.

La belle de Ségur, fleurs doubles, moyennes et d'un carné pâle.

Le Diadème de Flore, fleurs très-doubles, grandes et carnées.

La Rose mille, fleurs très-doubles, moyennes et d'un beau blanc.

Le Rôsier Blanc à fleurs simples,

fleurs grandes, odorantes et blanches.

La sombreuil, fleurs pleines,
moyennes et d'un blanc pur.

La Fanny sommesson, fleurs pleines, moyennes et d'un rose clair.

La Cécile Loisiel, fleurs pleines,
petites et blanches.

La Pomme de Grenade, fleurs
semi-doubles, moyennes et d'un
rose clair.

La belle Thérèse, fleurs doubles,
moyennes et d'un blanc carné.

La Diane de Poitiers, fleurs doubles, moyennes et carnées.

La Joséphine Beauharnais, fleurs
très-pleines, moyennes et d'un carné
à bords pâles.

La rosée du Matin, fleurs doubles, moyennes et carnées.

L'Armide, fleurs très-doubles,
moyennes et d'un carné à bords pâles.

1. ROSIER JAUNE SIMPLE ou RO-
SE ÉGLANTINE DE LINNÉ. (*R. lu-*

tea. Croît naturellement en Italie, en Allemagne, en Suisse, et en Angleterre; forme des buissons rameux qui s'élèvent de cinq à six pieds, et se chargent d'une immense quantité de fleurs inodores, mais très-éclatantes, surtout au soleil. Feuilles à sept folioles ovales, profondément dentées, longues de huit à dix lignes, glabres des deux côtés et odorantes. Le nom d'Églantine que lui donnait Linné, l'a fait souvent confondre avec le Rosier des haies appelé *Églantier*. Le Rosier jaune qu'on trouve au milieu de la France, surtout aux environs d'Aix, porte des fleurs d'un jaune plus ou moins clair ou d'un ponceau foncé. Une chose remarquable, c'est que les feuilles de ce Rosier, légèrement froissées, répandent une odeur balsamique, tandis qu'une odeur de punaise s'exhale de ses corolles.

Ce Rosier a plusieurs variétés.

— La Rose tulipe de Noisette.

— La Rose églantine a fleurs doubles. fleurs très-pleines, grandes et d'un beau jaune.

— La Rose capucine, ou Rose d'Autriche. (*R. bicolor*). Les feuilles de cette variété ressemblent beaucoup à celles du Rosier jaune , mais ses fleurs sont plus larges et leurs pétales découpés plus profondément à leur extrémité; ces fleurs sont simples, d'un jaune clair en dedans, et d'un cuivre tirant sur le pourpre en dehors; elles se fanent aisément et leur odeur n'est pas agréable.

Le Rosier jaune se plaît dans un terrrain aride et ses fleurs y acquièrent une couleur plus vive que sur un sol fertile. Le Rosier capucin demande l'exposition du nord.

I. ROSIER JAUNE SOUFRE. (*R. sulphurea*). Ce Rosier, qu'on appelle vulgairement Rosier jaune, est originaire du levant. Ovaires très-gros et assez épineux ; rameaux longs et diffus qui demandent à être soutenus et palissés; fleurs d'un jaune clair, inodores et paraissant en juin; feuilles glauques, simplement dentées, inodores et d'une consistance délicate.

Ce Rosier a une variété à fleurs doubles, appelé le GRAND ROSIER JAUNE, mais dont les fleurs s'ouvrant mal, avortent presque toujours si l'on n'a la précaution de l'abriter de la pluie. La sous variété, le Rosier jaune nain, éprouve la même difficulté pour s'épanouir, et réclame de plus un terrain sec et une exposition chaude.

On a souvent confondu le Rosier jaune soufre avec le Rosier capucine, dont il diffère évidemment par ses feuilles et ses aiguillons.

III. ROSIER SANS ÉPINES ou ROSE DE BANKS. (*R. inermis*). Originaire dela Chine. Rameaux dépourvus d'aiguillons; feuilles composées de sept ou neuf folioles ovales, den-

tées, glabres des deux côtés; pétioles
garnis de quelques épines; fleurs gran
des d'un rose tendre et disposées à
l'extrémité des rameaux, sur des pédoncules hérissés de poils roides et
glanduleux. Ce Rosier fleurit en mai
et juin. Il y a des variétés à fleurs
blanches et à fleurs jaunes.

   I. ROSIER TRÈS-ÉPINEUX, ou
GRANDE ROSE ÉCOSSAISE.(*R. spinosissima*). Croît naturellement en
Angleterre, à Fontaibleau, en Dauphiné et en Bourgogne, où il couvre des espaces considérables; on
l'emploie même à chauffer les fours.
Tiges hérissées d'une multitude d'aiguillons inégaux, longs et peu courbés; feuilles de sept ou neuf folioles
ovales, dentées et glabres; fleurs
moyennes, d'un rose pâle et assez
odorantes; elles naissent dans les
derniers jours de mai. Fruits bruns
et très-gros dans leur maturité. Il
est remarquable que ce Rosier qui
couvre les montagnes voisines d'É-

dimbourg, ne s'élève en Écosse qu'à la hauteur de quelques pouces, tandis qu'il atteint, en Europe, celle de deux et quelquefois même de tro ispieds.

Les variétés de ce Rosier sont :

— L'Écossaise a fleurs panachées (*R. cyphiana*).

— L'Écossaise double blanche (*R. spinosissima alba*). Ses fleurs se montrent en juin ; et sont petites, en grand nombre, et leur couleur blanche contraste agréablement avec le vert sombre des feuilles. On greffe ce Rosier sur l'églantier, et les ciseaux lui font prendre alors une forme arrondie.

— La petite Écossaise double rouge (*R. spinosissima rubra*).

— La Rose a mille épines (*R. myriacantha*). Fleurit en mai. On la distingue de la rose très-épineuse, par ses folioles deux fois dentées en scie, et glanduleuses tant en dessus que sur les bords. Viennent ensuite :

La Pimprenelle jaune, fleurs semi-doubles et moyennes.

La Pimprenelle nankin, fleurs simples et moyennes.

La Pimprenelle blanche, fleurs semi-doubles, moyennes et d'un blanc carné.

La Pimprenelle hardi, fleurs doubles, moyennes et d'un beau blanc.

La belle Laure, fleurs simples, d'un blanc soufré et panachées de rose.

La Mariembourg, fleurs simples, moyennes, blanches et marbrées de rose.

La Reine des Pimprenelles, fleurs semi-doubles, moyennes et d'un beau rose clair.

La Zerbine, fleurs doubles, grandes et d'un rose clair.

La Bizarre, fleurs semi-doubles, grandes et d'un rose brillant.

La Charlotte, fleurs semi-doubles, grandes et d'un lilas foncé.

La Lady Finck-Holton, fleurs semi-doubles, grandes, d'un pourpre violet et odorantes.

La Pimprenelle pourpre, fleurs simples, moyennes et d'un pourpre violet brillant.

La Célinette, fleurs petites et d'un rose tendre.

La belle Mathilde, fleurs semi-doubles, et d'un rose pâle.

L'aimable Étrangère, fleurs doubles, moyennes et d'un blanc légèrement carné.

La belle Estelle, fleurs semi-doubles, grandes et carnées.

L'Irène, fleurs doubles, grandes et carnées.

Le Délice du printemps, fleurs doubles, grandes et carnées.

La Rose de Candolle, fleurs simples, blanches et marbrées de rose.

— LA ROSE A ÉPINES ROUGES (*R. rubrispina*). Est originaire

d'Amérique. Ovaires et pédoncules parsemés de longues épines rouges et rondes ; tiges d'un vert brun, couvertes d'épines semblables, inégales et recourbées ; fleurs rougeâtres.

Cet ornement de la nature
Se cache sous un arbrisseau
Et, pour garder sa beauté pure,
Arme d'épines son berceau.

II. ROSIER DE PROVENCE. (*R. provincialis*) Originaire des parties méridionales de l'Europe. S'élève de cinq à six pieds ; tiges droites, armées de quelques aiguillons rougeâtres ; ovaires souvent ovales pendant la floraison, mais presque toujours globuleux lors de la maturité du fruit ; rameaux couverts, ainsi que les pédoncules, de glandes pédicillées, noires et visqueuses ; feuilles composées de cinq folioles presque rondes et terminées en pointe, d'un vert foncé en dessus et très-glauques en dessous, portées

par un pétiole commun, glanduleux; fleurs qui paraissent en juin
et en juillet, d'un rouge plus ou
moins foncé, presque sans odeur,
simples, semi-doubles et doubles.

Les variétés hybrides du Rosier
de Provence se rapprochent beaucoup du gallique; les horticul-
teurs les nomment généralement
AGATHES. Voici les principales :

La grande Sultane, fleurs semi-
doubles, grandes et d'un rose clair.

La belle de Vaucresson, fleurs
très-pleines, moyennes et carnées.

La Georgienne, fleurs pleines,
moyennes et d'un rose pâle.

L'Éléonore, fleurs doubles, grandes et d'un rouge cramoisi.

La Nadiska, fleurs pleines,
moyennes et d'un rose clair.

L'Agnès Sorel, fleurs doubles,
très-grandes et très-belles, d'un
rose vif au centre et blanchâtre à
la circonférence.

La Félicie Boitard, fleurs très-doubles, grandeset d'un rose tendre.

L'Éloïse, fleurs pleines , grandes et d'un rose carné.

L'Agathe royale, fleurs pleines , petites et d'un rose vif.

La Ravissante, fleurs très-doubles, moyennes et roses.

La Thaïr, fleurs très-doubles , moyennes et d'un beau rouge nuancé de blanc.

La Séraphine, fleurspleines, grandes et d'un blanc légèrement carné vers le centre.

L'Asélia, fleur pleines, très-petites et roses.

La Marinette , fleurs doubles , grandes et d'un rose clair.

La Briséïs, fleurs pleines, moyennes et d'un rose carné.

La duchesse d'Angoulême , fleurs pleines, moyennes, en corymbes , carnées au centre et blanches à la circonférence.

La Fidèle, fleurs doubles, grandes et d'un rose lilas.

La Pyramidale, fleurs semi-doubles, grandes et d'un rose pâle.

La Catalini, fleurs très-doubles, grandes, pâles à la circonférence, mais d'un rose vif au centre.

La Léocadie, fleurs très-doubles, très-grandes et carnées.

La Princesse, fleurs très-doubles, grandes et d'un rose clair.

L'Agathe de Malmaison, fleurs pleines, moyennes et d'un rose pâle.

La Bérénice, fleurs pleines, moyennes et d'un beau rose.

La Lady Fildgerald, fleurs très-doubles, grandes, en corymbes triflores et d'un blanc rosé.

La Rose de Messine, fleurs très-doubles, grandes et carnées.

La Triomphante, fleurs doubles, moyennes et d'un rose pâle.

La Cléodoxe, fleurs pleines, moyennes et d'un rose foncé.

L'Anatole, fleurs très-pleines,

moyennes, en bouquets et d'un rouge vif.

La Prolifère, fleurs pleines, petites et carnées.

L'Incomparable, fleurs très-pleines, petites et d'un pourpre clair.

Les terrains légers et chauds sont ceux qui conviennent le mieux au *Rosier de Provence*.

III. ROSIER DE LA CHINE (*R. Chinensis*). Se cultive dans les orangeries où il s'élève rarement à plus d'un pied. Ovaires glabres; tiges grêles, armées de quelques aiguillons; feuilles à trois folioles ovales, glabres et longues d'un pouce environ; fleurs d'un rouge foncé, odorantes, solitaires à l'extrémité des rameaux. Ce Rosier ne fleurit qu'une ou deux fois l'an quand l'exposition ne lui convient point; mais aussi dans les serres, souvent il reste vert et fleurit toute l'année; d'ordinaire il offre une seule fleur épanouie et plusieurs boutons destinés à la remplacer successivement. On parvient à multiplier cette espèce par les marcottes et les boutures.

Le Rosier de la Chine offre des variétés à fleurs semi-doubles et doubles ; parmi elles on remarque :

La Bichonne, fleurs doubles, moyennes, d'un pourpre cramoisi et odorantes.

La Sanguine, fleurs doubles, moyennes et d'un pourpre cramoisi très-vif.

La Cerise, fleurs semi-doubles, moyennes à longs pédoncules et d'un rose cerise.

L'Éblouissante, fleurs très-doubles, moyennes et d'un rouge cerise.

La mère Gigogne, fleurs très-doubles moyennes et d'un rouge pourpre.

La Rose sans épines, fleurs doubles, moyennes et d'un rose violacé, pointillé de pourpre.

Le Lawrence simple, fleurs très-petites et roses.

Le Lawrentia nain, fleurs très-doubles, très-petites et roses.

La Rose mouche, fleurs pleines,
excessivement petites et d'un rose
carné.

La Bicolor, fleurs pleines, petites
et d'un rose ponctué de lilas.

Le caprice des Dames, fleurs pleines, petites et d'un rouge pourpre.

La Liliputienne, fleurs pleines,
très-petites et d'un beau rouge.

III. ROSIER THÉ. (*R. indica
odoratissima*). Rameaux peu nombreux; feuilles à trois ou cinq folioles dont l'impaire est plus grande
que les autres; folioles luisantes en-
dessus, presque glaugues en-dessous; pétioles armés d'aiguillons
crochus, stipules ciliées, pédoncules
glabres ou un peu glonduleux, aiguillons rouges et crochus, calice
ventru; fleurs paraissant durant
toute la belle saison.

Voici quelques variétés de ce Rosier; presque toutes sont odorantes:

L'Hyménée, fleurs doubles, grandes et d'un blanc jaunâtre.

La Nymphe, fleurs pleines, grandes et d'un carné jaunâtre.

Le Thé jaune panaché, fleurs doubles, grandes, et d'un jaune serin panaché de rose.

L'Uranie, fleurs très-doubles, moyennes et blanchâtres.

Le Thé lilas, fleurs doubles, grandes et d'un beau lilas clair.

La reine de Golconde, fleurs doubles, grandes et d'un rose foncé.

Le Fakir, fleurs semi-doubles, moyennes et d'un rose foncé.

Le Thé de Cels, fleurs doubles, moyennes, d'un pourpre foncé et très-odorantes.

Le Thé à fleurs chagrinées, fleurs semi-doubles, moyennes et d'un beau rose. Les boutons sont rouges.

La belle Élise, fleurs semi-doubles, moyennes et roses.

Le Célestial, fleurs pleines, très-grandes, d'un rose clair au centre et pâles à la circonférence.

Le Thé anémone, fleurs doubles, moyennes d'un rose carné.

La Catherine II, fleurs pleines, grandes et d'un carné tirant sur le lilas.

Le Roi de Siam, fleurs semi- doubles, grandes et d'un rose pâle.

Le Prince de Salerme, fleurs pleines, grandes et d'un rose violacé.

Le Duc de Grammont, fleurs pleines, grandes, blanches à la circonférence et carnées au centre.

III. ROSIER AGRÉABLE.(*R. amabilis*). Cette espèce paraît intermédiaire entre le Rosier toujours vert et le Rosier musqué. Tiges s'élevant de quatre à cinq pieds; rameaux glabres, armés d'aiguillons épars, petits et faibles; feuilles le plus souvent composées de cinq folioles ovales, oblongues, aigües, également dentées en scie, glabres sur leurs deux faces, d'un vert plus pâle en dessous; fleurs d'un blanc qui tire sur le rose, solitaires ou disposées deux à deux à l'extrémité des rameaux, exhalant une odeur de musc; divisions du calice pubescentes, plus longues même que les pétales; styles longs de deux à trois lignes, velus, réunis en un seul faisceau cylindrique, dont le sommet, formé par les stygmates, est un peu élargi en tête arrondie; fruits ovales.

Ce Rosier fleurit en juin. Il diffère du Rosier toujours vert par ses feuilles annuelles, blanchâtres en-dessous, par la longueur des divisions de son calice et par le nombre de ses styles; et on le distingue du Rosier musqué par ses fleurs solitaires et non paniculées.

III. ROSIER ÉGLANTIER A FEUILLES ODORANTES. (*R. rubiginosa*). Se trouve en France, en Italie, en Angleterre et en Allemagne où il croît spontanément dans les haies et dans les fentes des rochers. Tiges s'élevant jusqu'à dix et douze pieds; ovaires oblongs et parsemés de glandes visqueuses; rameaux glabres, armés d'aiguillons fauves, droits et très-aigus; feuilles composées de sept folioles ovales, obtuses, d'un vert cendré, glanduleuses en leurs bords et en-dessous, assez luisantes et d'un vert foncé en-dessus; dans le temps de chaleur, ou lorsqu'on les froisse, elles exhalent une odeur semblable à celle de la pomme reinette; fleurs qui paraissent en juin, juillet et août, en grand nombre; elles sont rougeâtres et légèrement odorantes; fruits d'un rouge brun.

Voici quelques variétés de cette espèce qui sont cultivées :

L'Églantier double odorant, fleurs semi-doubles, moyennes, en corymbes, et d'un rose vif.

La Clémentine, fleurs semi-doubles, moyennes, panachées de rose et de blanc.

L'Anastasie, fleurs pleines, moyennes et d'un rouge pourpre.

L'Églantier à fleurs roses doubles, fleurs semi-doubles, moyennes et d'un rose clair.

Le Poniatowski, fleurs semi-doubles, moyennes et carnées.

Le Rosier à odeur de pomme reinette, fleurs semi-doubles, très-petites et carnées.

La Grévery, fleurs semi-doubles, petites et d'un beau rose.

L'Hessoise Nikita, fleurs très-doubles, moyennes et d'un rose foncé.

L'Hessoise, à fleurs lilas, fleurs pleines, moyennes et d'un rose lilas clair.

Le Rubigineux à cœur vert, fleurs pleines, petites, blanches et verdâtres au centre.

La nouvelle Redoutée, fleurs pleines, moyennes et d'un rose carné.

Le Rubigineux à fleurs rouges, fleurs semi-doubles, moyennes et d'un rouge foncé.

L'Hessoise pourpre, fleurs pleines, moyennes et d'un rose purpurin.

L'Hessoise Anémone, fleurs semidoubles, moyennes et d'un rose clair.

Lss espèces botaniques sont :

Le Rubigineux aiguillonné, (*R. R. Aculeata*); Le R. a petites fleurs, (*R. R. Parviflora*); Le R. a grandes fleurs, (*R. R. Grandiflora*); Le R. inodore, (*R. R. Inodora*); Le R. a longs pédoncules, (*R. R. Pedunculata*); Le R. a feuilles rondes: (*R. R. Rotundifolia*); Le R. a corymbes, (*R. R. Corymbosa*); Le R. des haies, (*R. R. Sœpium*); Le R. fléxueux, (*R. R. flexuosa*); Le R. a petites glandes, (*R. R. Glandulosa*); Le R. a bois lisse, (*R. R. Lœvigata*); Le R. a petites feuilles, (*R, R. Parvifolia*).

Les fleurs de ce Rosier sont assez agréables à l'œil, mais elles s'effeuillent facilement, et l'on doit les cueillir avec précaution lorsqu'elles commencent à s'épanouir. Il en est de même pour beaucoup d'autres espèces qui sout également trés-délicates et qui ne résisteraient pas à l'attaque d'une main brusque.

> Modérez vos plus vifs transports
> Sur les caresses du Zéphire ;
> Le voit-on piller les trésors
> Du sein de Flore qui l'attire ?
> Voit-on les traces du baiser
> Que, sur lui, sa bouche dépose ?
> Ah ! jouir n'est pas abuser :
> Cueillez, n'effeuillez pas la Rose.

III. ROSIER DES HAIES. (*R. sepium*). Ce Rosier est considéré, généralement, comme un hybride de l'églandier et du Rosier de chien, quoiqu'il diffère du premier par la grandeur de ses dimensions, la rougeur de son écorce et le glanduleux de ses feuilles, et qu'il atteigne une hauteur plus considérable que le Rosier de chien. Il croît abondamment dans les haies, les buissons et les bois où il s'élève à dix, douze et quinze pieds. Ses ovaires sont ovales, glabres, ainsi que ses pédoncules; ses tiges armées de larges aiguillons recourbés, souvent presqu'opposés; ses feuilles composées de sept folioles ovales, aigües, d'un vert luisant, glabres, longues d'un pouce environ, et portées sur un pétiole commun armé d'aiguillons; ses fleurs rougeâtres, légèrement odorantes et paraissent en mai.

Le Rosier des haies se multiplie par le semis, les marcottes, les boutures et les rejetons de ses racines. Il est d'une très-grande utilité pour greffer les autres espèces, attendu que c'est sur lui qu'elles reprennent plus facilement.

On remarque sur ce Rosier des excroissances rougeâtres, légères, spongieuses, hérissées de filaments rameux, connues sous le nom de *Bedegar*. Ces excroissances sont formées par la sève qui afflue avec plus d'abondance dans les parties du Rosier, où l'espèce d'insecte, appelé par Fabricius, *cynips Rosæ*, a enfoncé son aiguillon pour y déposer ses œufs.

Tous les bestiaux, à l'exception des chevaux, mangent les feuilles du Rosier des baies.

III. ROSIER INTERMÉDIAIRE (*R. intermedia*). Originaire d'Europe, à ce que l'on croit. Ovaires allongés, très-glabres ; rameaux garnis de plusieurs épines larges et recourbées : feuilles composées de sept folioles, ovales, aigües, finement découpées et portées sur un pétiole armé d'épines ; fleurs rougeâtres, simples. Ce Rosier fleurit régulièrement au printemps et en automne. Il a reçu le nom d'intermédiaire, parce qu'il tient du Rosier églantier à feuilles odorantes, par la couleur et la forme de ses feuilles, et du Rosier des baies par ses fleurs.

I. ROSIER DE CRÈTE (*R. cretica*).
Ne diffère de l'églantier odorant que par la petitesse de ses dimensions, la rareté de ses aiguillons et la rondeur de ses fruits. Fleurs simples; feuilles presque rondes, fortement dentées et odorantes; fruits globuleux, hérissés de poils durs et piquants. Les divisions du calice sont longues et couvertes de glandes mousseuses. Ce Rosier fleurit en mai et juin.

1. ROSIER DES CHAMPS (*R. arvensis*). Croît naturellement en Allemagne, en Angleterre, en Danemarck, en Suède et en France, parmi les pierres et les broussailles. Cet arbrisseau est quelquefois disposé en buisson qui s'élève jusqu'à six pieds; d'autres fois ses tiges, plus faibles, rampent sur le sol; enfin ses branches peuvent acquérir jusqu'à quinze et vingt pieds de longueur, ce qui le rend propre à décorer des berceaux. Ovaires lisses et globuleux; pédoncules glabres, pétioles armés de pointes; feuilles d'un vert obscur en dessus, un peu blanchâtre en dessous; fleurs qu'on voit en mai et juin, blanches, disposées en bouquets de douze à quinze et d'une odeur douce.

Ce Rosier a une variété à fleurs doubles citée par Bauhin. Viennent ensuite :

— La Lady mouson (R. *Systyla mousoniæ*). Fleurs en corymbes.

— Le Rosier des champs hybride (*R. arvensis hybrida*). Fleurs demi-doubles, grandes, en bouquets et couleur de chair.

— Le Rosier systilé a feuilles lancéolées (*R. Sytyla lanceolata*). Folioles longues, luisantes et ridées.

—La Rose du comté d'Ayo (*R.capreolata*). Rameaux grêles; fleurs nombreuses et blanches.

—La Rose des champs rouge-plano. (*R. Arvensis rosea plena*). Fleurs très-doubles, moyennes et rouges

I. ROSIER VELU (*R. villosa*).
Originaire d'Europe et croît naturellement en Angleterre et en France. S'éléve de huit à dix pieds ; rameaux armés d'aiguillons ; feuilles composées de sept folioles ovales, cotonneuses , un peu molles au toucher en dessus et en dessous , et fort souvent pourvues d'une glande à la pointe de chacune de leur dentelure ; elles sont visqueuses ; et légèrement froissées elles exhalent une odeur résineuse assez forte ; fleurs nombreuses, d'un rouge vif , assez odorantes et disposées au bout des rameaux où elles forment une sorte de corymbe.

Ce Rosier offre aussi quelques variétés :

L'Isménie, fleurs semi-doubles , moyennes et d'un rose blillant.

Le Pomifère à fleurs doubles , fleurs semi-doubles, moyennes et d'un rose clair.

Le Subalba, fleurs très-doubles ,

moyennes, en bouquets et d'un blanc légèrement nuancé de rose.

Le Velu panaché, fleurs semi-doubles, moyennes, d'un rose pâle et rayées de rose foncé.

Le villosa duplex, fleurs semi-doubles, moyennes, d'un rose vif et odorantes.

La Miss Lawrence, fleurs doubles, moyennes et d'un rose cerise.

Le Velu à fleurs simples, fleurs petites et d'un rose pâle.

II. ROSIER DE FRANCFORT (*R. turbinata*). Ce Rosier est nommé de Francfort, parce qu'il croît en abondance dans les environs de cette ville. On le suppose originaire d'Allemagne. Ses ovaires sont aussi longs que larges, en forme de toupie, ce qui lui a fait donner les surnoms de Rosier turbiné et Rosier à gros cul. Tiges garnies de quelques aiguillons épars et recourbés ; feuilles composées de cinq folioles ovales, aigües, ridées, d'un vert foncé en dessus et glauques en dessous, avec un pétiole commun, velu et garni de quelques aiguillons ; fleurs d'un rouge vif, réunies en bouquets aux extrémités des rameaux, et peu odorantes. Elles paraissent en juin, et s'épanouissent difficilement.

Quelquefois confondu avec le Rosier velu, le Francfort en diffère par les caractères suivants: ses rameaux sont lisses, peu ou point épineux; ses feuilles ne sont qu'une fois dentées ; ses calices sont en forme de toupies, et ses styles huit ou dix fois plus nombreux qu'en aucune autre espèce.

Il a quelques variétés :

La Valérie, fleurs pleines, très-petites et d'un rose pâle.

La belle Rosine, fleurs doubles, grandes et d'un rose cerise.

La Rose pavot, fleurs semi-doubles, grandes et d'un rouge vif.

L'Ancelin, fleurs doubles, grandes, en corymbes et d'un rose pâle.

La belle Victorine, fleurs pleines, moyennes et d'un rose carné.

L'Hermance (CHESNEL), rameaux glauques; sept folioles lancéolées, faiblement dentées, blanchâtres en dessous; calice turbiné; fleurs doubles, moyennes, d'un rouge vif au centre et d'un blanc carné à la circonférence (1).

III. ROSIER DES CHIENS(*R. canina*). Buisson touffu qui s'élève de huit à dix pieds, et quelquefois jusqu'à quinze. Rameaux glabres, d'un vert clair et luisant, armés d'aiguillons forts et recourbés; feuilles composées de cinq à sept folioles ovales, glabres en dessus et en dessous, plus ou moins luisantes, à dents tantôt égales entr'elles, et tantôt inégales; fleurs ordinairement disposées, ou par quatre ensemble, à l'extrémité des rameaux, ou par deux seulement. Ce Rosier fleurit

____

(1) Dédié à Mlle *Hermance de* LISLE-FERME.

en juin et juillet ; on le rencontre dans les haies, dans les buissons et sur le bord des chemins.

On cultive dans les jardins :

La Quitterie, fleurs semi-doubles, grandes et d'un carné pâle.

L'Agathe toujours verte, fleurs doubles, petites et carnées; boutons rouges.

L'Emmeline, fleurs semi-doubles, moyennes, d'un blanc liseré de rose et odorantes.

La petite Duchesse, fleurs pleines, très-petites et d'un rose pâle.

Le Rosier des eolines, à fleurs doubles, fleurs semi-doubles, moyennes et d'un rose clair.

Les variétés botaniques sont :

Le Rosier des chiens des haies (*R. canina sœpium*), fleurs blanchâtres ou rosées ; Le R. de Montezuma (*R. C. Montezumœ*), fleurs odorantes et roses ; Le R. des ch., a fleurs semi-doubles (*R. C. semi-dupla*), fleurs semi-doubles, moyen-

11.

nes et d'un rose carné ; Le R. des ch., a feuilles aigues (*R. C. aciphylla*), fleurs d'un blanc rosé ; Le R. des ch. glauque (*R. C. cœsia*), fleurs incarnates ; Le R. des ch., d'Egypte (*R. C. œgyptiaca*), fleurs rosées ; Le R. des ch., du caucase (*R. C. caucasea*) fleurs en bouquets et carnées.

C'est sur la tige de ce Rosier, souvent confondu avec l'églantier, que l'on greffe, en écusson, la plupart des variétés à fleurs doubles.

III. ROSIER A LONGS STYLES. (*R. stylosa*). Ce Rosier ne diffère que par un seul caractère du Rosier des chiens : ses styles sont glabres, réunis en une colonne longue de deux lignes, et terminée par une tête régulière formée par les stygmates.

Ce Rosier croît aux environs de Poitiers et fleurit en juin.

I. ROSIER GLAUQUE (*R. glauca*). Originaire des montagnes de l'Europe. Forme d'épais buissons élevés de cinq à six pieds, dont la couleur contraste singulièrement avec la verdure des autres arbustes; feuilles à sept folioles ovales et aigües, rougeâtres d'abord, puis glauques dans leur parfait développement; fleurs disposées en corymbe terminal, simples et d'un beau rouge incarnat; tronc droit et robuste; écorce d'un rouge brun et couverte de petites épines rouges; fruits d'abord ovales, et qui deviennent parfaitement ronds à leur maturité. Il fleurit en juin.

Ce Rosier a une variété à fleurs semi-doubles.

III. ROSIER TOMENTEUX, (*R. to-mentosa*). Ce Rosier, presque toujours confondu avec le Rosier des chiens, a ses ovaires plus arrondis et plus glanduleux. Ses fleurs, de couleur rose, paraissent en mai et juin.

Il a deux variétés cultivées:

Le Cotonneux commun, fleurs simples, moyennes et carnées.

Le Cotonneux à petites feuilles, fleurs semi-doubles, moyennes et d'un rose clair.

Les variétés botaniques sont :

LE SCABRIUSCULE, (*R. Scabriuscula*), fleurs rouges et mouchetées; LE FÉTIDE, (*R. Fœtida*), fleurs blanchâtres; L'AGRÉABLE, (*R. Pulchella*), fleurs semi-doubles et blanches; LE COTONNEUX MOU, (*R. Mollis*), fleurs rosées; LE RÉSINEUX, (*R. Resinosa*).

III. ROSIER DES MONTAGNES, (*R. montana*). Commun en France et surtout en Dauphiné, s'élève de cinq à six pieds : ses ovaires sont très-alongés et couverts de glandes, ainsi que les pédoncules; tiges peu épineuses dans leur jeunesse; feuilles à sept folioles ovales, obtuses, d'un vert clair, glauques en-dessous, rarement longues de plus d'un pouce, et portées d'ailleurs sur des pédoncule constamment épineux; fleurs qui pa raissent en juin et juillet, grandes et d'un rose plus ou moins foncé ; fruits presque globuleux et qui deviennent souvent très-gros.

IV. ROSIER DES COLLINES, (*R. collina*). Ne se distingue du Rosier des montagnes, que par ses feuilles censtamment pubescentes et plus ou moins velues en-dessous.

I. ROSIER A FEUILLE DE PIMPRENELLE. (*R. pimpinellifolia*). Se trouve en Dauphiné, sur les montagnes du *Buget* ; sa tige et ses rameaux sont couverts d'aiguillons droits ; feuilles composées de neuf ou onze folioles arrondies pour la plupart, obtuses, petites, d'un vert cendré ; fleurs petites, blanches, inodores, solitaires, paraissent en mai ; fruits bruns et luisants.

II. ROSIER DES ALPES, (*R. Alpina*). S'élève de cinq à six pieds ; ovaires ovales, glabres, quelquefois hispides ; pédoncules et pétioles pourvus souvent d'aiguillons roses ;

rameaux nombreux, étalés, lisses, glabres, d'un vert un peu foncé, et tantôt parfaitement glauque; fleurs presque toujours solitaires, moyennes, légèrement odorantes et rougeâtres; fruit qui devient d'un beau rouge dès qu'il a atteint sa parfaite maturiré.

On cultive dans les jardins :

La Rose des Alpes lagéniforme, fleurs simples, moyennes et d'un rose pâle.

Le Rubrispince, pétales roses mêlés avec des feuilles.

La Rose des Alpes à fleurs doubles, fleurs pleines, moyennes et d'un rose pâle.

La Rose Boursault, fleurs très-doubles, moyennes et d'un rose vif.

La Maheca, fleurs doubles, moyennes, en corymbes de couleurs nuancées.

La Rose couleur de cuivre, fleurs simples, moyennes et d'un rouge jaunâtre.

La Rose l'héritier, fleurs semi-doubles, moyennes et d'un pourpre violacé.

Les variétés botaniques sont :

LE ROSIER DER ALPES HISPIDE, (*R. Alp. Hispida*), fleurs d'un rouge cerise ; LE R. DES ALP. A FRUIT PENDANT. (*R. Alp. Pendula*), fleurs roses.

III. ROSIER DES PYRÉNÉES. (*R. Pyrenaïca*). Ce Rosier a beaucoup de rapport avec le Rosier des Alpes; mais ses fruits sont ovales et hispides, ainsi que les pédoncules.

1. ROSIER A ARÉTE. (*R. aristata*). Tige peu garnie d'aiguillons; calice et pédoncule velus; fleurs solitaires, purpurines; feuilles ovales, oblongues; la foliole impaire des feuilles supérieures, beaucoup plus grande que les autres, est terminée par une forte arête, qui n'est que le prolongement du pétiole; fruit globuleux.

Ce Rosier croît dans les Pyrénées,

et particulièrement aux environs de Barége.

II. ROSIER A FRUITS EN CALEBASSE.(*R. lagenaria*).Originaire des montagnes de la Suisse. Ce Rosier a beaucoup de rapports avec le Rosier des Alpes, mais il en diffère principalement par ses feuilles; ovaires allongés, renflés et glabres; pédoncules et pétioles pourvus de glandes pédicillées; rameaux sans épines; feuilles à folioles ovales, obtuses, d'ordinaire au nombre de sept, glabres, glauques en-dessous, et longues de dix-huit lignes. Ce Rosier n'a rien de remarquable que la forme particulière de ses fruits.

I. ROSIER CILIÉ, (*R. ciliata*). Croît sur les hautes montagnes de l'Europe; ovaires et pédoncules couverts de glandes pédicillées; tiges peu épineuses; feuilles composées de sept folioles, ovales, d'un vert foncé, glauques et glabres en dessous; fleurs rouges un peu odorantes;

fruits presque aussi gros que ceux du Rosier velu, et couverts, ainsi qu'eux de glandes; folioles plus petites et glabres en dessus comme en dessous.

I. ROSIER A FEUILLES ROUGEA-TRES. (*R.rubrifolia*). Croit naturellement dans les bois montagneux, en Dauphiné, en Provence, en Savoie, dans les Cévennes, les Vosges, etc. Tige qui s'élève depuis dix jusqu'à quinze pieds; elle se divise, le plus souvent, dès sa base, en plusieurs branches; rameaux rougeâtres, lisses, chargés çà et là d'aiguillons droits, assez forts, très-écartés; feuilles composées de cinq à sept folioles ovales, simplement dentées, aiguës, très-glabres, glauques; fleurs disposées en bouquets, au nombre de six à quinze ensemble, au sommet de leurs rameaux, munies, à la base de leurs pédoncules, d'une bractée lancéolée; divisions du calice étroites, entières, plus longues que les pétales et chargées de quelques poils glanduleux; corolles composées de cinq pétales en cœur, d'un rouge clair; étamines nombreuses, plus courtes que les pétales; stygmates velus, agglomérés en un plateau convexe; fruits globuleux, lisses et glabres.

Ce Rosier fleurit en mai et juin.

III. ROSIER NAIN, (*R. pumila*). Tige chargée d'aiguillons épars, assez courts, souvent divisée, dès sa base, en plusieurs rameaux qui se dessèchent le plus ordinairement après la floraison, et sont remplacés par de nouveaux sortant de la souche; feuilles petites, ovales, glauques en dessous et finement dentées en scie; fleurs naissant le long des rameaux et formant bouquet; elles sont disposées une à une, et rarement deux ensemble, sur des ramuscules qui croissent à la place des feuilles de l'année précédente; elles paraissent en mai et juin.

I. ROSIER A FEUILLES D'ÉPINE

VINETTE. (*R. evonymifolia*). Croît
au nord de la Perse en si grande
abondance qu'on s'en sert pour
chauffer les fours. Tige divisée en
rameaux nombreux, étalés, pubes-
cents, chargés d'une multitude de
petits aiguillons tant soit peu courbés, ne s'élève guère à plus de deux
pieds. Feuilles simples, ovales,
oblongues, rétrécies à leur base,
dentées en scie à leurs bords, d'un
vert glauque; fleurs solitaires à l'extrémité des jeunes rameaux; calice
globuleux, armé d'aiguillons; corolle composée de cinq pétales d'un
jaune clair, avec une tache rouge
dans l'onglet; étamines rouges;
stygmates formant au centre de la
fleur une petite tête convexe.

II. ROSIER LISSE, (*R. levigata*).
S'élève à deux ou trois pieds. Rameaux grêles, lisses, armés çà et là
d'aiguillons forts et recourbés; feuilles composées, le plus souvent, de
deux ou trois folioles ovales, lancéo-

lées, glabres en dessus et en dessous, luisantes, bordées de dents simples, menues et très-aiguës; fleurs solitaires et blanches; divisions du calice entières, un peu cotonneuses, près de moitié plus courtes que les pétales, styles à peu près nuls; stigmates formant au centre de la fleur une tête convexe et velue. Ce Rosier est cultivé dans les jardins, comme originaire de la Chine ou de l'Inde.

II. ROSIER A FEUILLES DE CHANVRE. (*R. cannabina*). Tiges glabres et sans épines; feuilles composées de trois ou cinq folioles allongées, dentées en scie, d'un vert sombre en dessus, blanchâtres en dessous; pétioles armés de quelques aiguillons courbés; fleurs axillaires et terminales, de deux à trois ensemble, moyennes, doubles, blanches; fruits semi-globuleux, glabres; divisions calicinales simples et allongées.

III. ROSIER A FEUILLES PENCHÉES. (*R. clinophylla*). Aiguillons stipulaires;sept folioles ovales,oblongues dentées et d'un vert tendre ; feuilles penchées d'une manière assez remarquable pour avoir pu motiver son nom; fruit presque ovale ; fleurs blanches, simples et solitaires.

Ce Rosier n'a encore été cultivé que dans l'orangerie.

II. ROSIER A FEUILLE DE FRÊNE.(*R. fraxinifolia*. Originaire d'Écosse. Tiges et pétioles presque inermes, car on y distingue à peine quelques aiguillons très - courts; feuilles composées de sept ou neuf folioles ovales, mais allongées ; fleurs grandes, semi-doubles, terminales, et de couleur rose ; ovaires semi-globuleux ; divisions calicinales allongées et semi-piranées; pédoncules et calices couverts de poils hispides et très-courts. Ce Rosier a des variétés à fleurs panachées.

III. ROSIER MULTIFLORE (*R.*

multiflora). Originaire du Japon. S'élève sur des rameaux sarmenteux, garni d'aiguillons crochus ; feuilles nombreuses, composées de cinq ou sept folioles opposées, ovales et longues de près de deux pouces ; fleurs qui paraissent vers juin, et durent jusqu'à la fin de juillet, portées, à l'extrémité des rameaux, sur des pédoncules étalés formant un large corymbe ; on en compte d'ordinaire dix-huit à trente sur chaque rameau, quelquefois même plus de cent ; leur odeur est faible, mais suave, surtout le soir ; elles sont un peu plus grosses que les pompons doubles, et d'un joli rose qui pâlit néanmoins au bout de quelques jours ; on en remarque aussi de toutes blanches. Ce Rosier demande une exposition chaude. Il a une variété à fleurs presque blanches.

Les autres multiflores sont :

La Rose de Gréville, fleurs simples et blanches.

La Rose de Thory, fleurs doubles, petites et d'un pourpre clair.

Le multiflore à petites feuilles, fleurs doubles, petites et d'un rosé vif.

L'Elégante, fleurs pleines, moyennes, rose au centre et blanches à la circonférence.

Le Multiflore à fleurs marbrées, fleurs doubles, petites et d'un rosé marbré de violet. .

Thumberg est le premier qui ait donné la description de ce Rosier. Il est connu des Anglais depuis 1804, et transporté en France depuis 1811. M. Noisette a rapporté d'Angleterre le *type* à fleurs simples.

I. ROSIER DE CAROLINE. (*R. carolinea*). Ovaires globuleux et rudes; pédoncules nombreux et presque velus; tige de couleur canelle, munie de stipules remarquables par leur grandeur et leur parfaite opposition; feuilles composées de cinq ou sept folioles ovales, aigues et luisantes; pétioles hérissés d'épines; pétales presque en cœurs et rougeâtres comme les fleurs qui répandent une odeur agréable.

On doit à M. Bosc la connaissance de ce Rosier qui fleurit au commencement de l'été.

ROSIER NOISETTE.Originaire des États-Unis. Tige élevée de huit à dix pieds, presque dépourvue d'épines; feuilles à sept folioles obtuses et crénelées; fleurs de la grandeur de celles du Rosier masqué, blanches, légèrement nuancées de rose, doubles et disposées en forts panicules.

Ce Rosier a été dédié à M. Noisette par son frère qui l'a obtenu d'une fécondation artificielle du rosa indica avec le rosa moschata.

Le Rosier Noisette a fourni aussi un grand nombre de variétés :

L'Apollonie, fleurs doubles, moyennes et d'un blanc carné.

La Chérance, fleurs très-doubles, moyennes, blanches et odorantes.

Le Milton, fleurs semi-doubles, grandes et d'un blanc nuancé de rose.

L'Irma, fleurs doubles, moyennes et blanches.

La Chamnagana, fleurs doubles, grandes et carnées.

La Muscate perpétuelle, fleurs doubles, petites, d'un blanc jaunâtre et odorantes

La Pradher, fleurs pleines, moyennes et d'un beau blanc.

La Junia, fleurs doubles, moyennes et d'un blanc carné.

La Corali, fleurs semi-doubles, grandes, carnées et odorantes.

L'Angevine, fleurs très-doubles, grandes et carnées.

L'Aurore, fleurs doubles, petites, en corymbes, aurores au centre et carnées à la circonférence.

La Comtesse de Fresnel, fleurs

doubles, moyennes d'un rose lilas et odorantes.

Le Bougainville, fleurs pleines, moyennes et roses.

La Noisette pourpre, fleurs très-doubles, petites et d'un rose clair.

La Thisbé, fleurs pleines, moyennes, carnées et odorantes.

La Félicia, fleurs très-doubes, moyennes et d'un beau rose.

La Thélaïre, fleurs doubles, petites et rosées.

La Sylphide, fleurs pleines, moyennes et d'un carné lilas.

La Chimène, fleurs doubles, moyennes et roses.

La Noisette à fleurs lilas, fleurs très-doubles, moyennes, en bouquets et d'un lilas foncé.

La Noisette prolifère, fleurs pleines, grandes, en corymbes roses et à centre vert.

L'Armide, fleurs doubles moyennes et roses.

La Chérie, fleurs pleines, moyennes et d'un carné lilas.

La Lesbie, fleurs doubles, moyennes et d'un carné pâle.

La Dufresnois , fleurs pleines , petites et d'un carné pâle.

L'Ève , fleurs très – doubles , moyennes, en corymbes et d'un rose foncé.

La Comtesse d'Orloff, fleurs semi-doubles, grandes et d'un rose foncé.

La Noisette Sarmenteuse, fleurs très-doubles, moyennes et d'un blanc carné.

La Noisette rampante, fleurs doubles, moyennes, en corymbes et d'un blanc pur.

La Voluminie, fleurs pleines, moyennes et d'un blanc pur.

L'Absoude, fleurs très-pleines, petites et d'un blanc carné.

Le Bouquet tout fait , fleurs pleines, moyennes, d'un blanc nankin et en grand nombre.

1. ROSIER EN CORYMBE. (*R. co-*

rymbosa). Originaire de la Caroline et de la Virginie où il croît au milieu des marais et fleurit pendant tout l'été. En France, il faut le placer dans les terrains argileux et sur les bords des eaux pour qu'il réussisse. Tiges armées de longs aiguillons axillaires, recourbés, et formant des buissons fort touffus, élevés de quatre à cinq pieds ; feuilles composées de folioles ovales, obtuses et velues en dessous; fleurs rougeâtres, nombreuses, disposées en corymbe, et qui paraissent en mai et juin.

I. ROSIER A FEUILLES SIM-PLES. (*R. simplicifolia*). Originaire de Perse. Tige armée d'aiguillons à crochets blancs, surtout dans les jeunes pousses; feuilles simples, ovales, d'un vert pâle; fleurs grandes, jaunes, solitaires, marquées d'une tache pourpre, noirâtre à l'onglet des pétales; pédoncules courts et garnis d'aiguillons, comme les ovaires.

Ce Rosier, qu'on doit au célèbre Olivier, fleurit en avril et mai dans les orangeries.

I. ROSIER TURNEPS. (*R. turgida*). Originaire de l'Amérique septentrionale. Tiges garnies parfois d'aiguillons, et parfois aussi dépourvues d'épines; feuilles ovales, pointues, luisantes, d'un vert foncé; fleurs rouges, légèrement odorantes; fruits turbinés. Fleurit en juin, et ses fleurs se succèdent jusqu'au mois d'août. Une terre substantielle lui paraît indispensable.

Ce Rosier a quelque rapport avec le Rosier luisant par ses feuilles, et avec le Rosier turbiné par sa grosseur.

III. ROSIER A FRUITS PENDANTS. (*R. pendulina*). Originaire de l'Amérique septentrionale. S'élève de cinq à six pieds et fleurit au commencement de l'été. Ovaires oblongs, renflés, glabres, recourbés après leur fécondation; pédoncules et pétioles hérissés de glandes; rameaux dépourvus d'épines; fleuilles composées, d'ordinaire, de sept folioles ovales, glabres, d'un vert foncé, glauques en-dessous; fleurs rougeâtres, toujours solitaires et de moyenne grandeur.

I. ROSIER LUISANT.(*R. lucida*). Originaire de l'Amérique septentrionale. Remarquable par son feuillage luisant et d'un vert tendre. Tige élevée de deux pieds environ ; ovaires et pédoncules parsemées de glandes ; rameaux hérissés d'aiguillons ronds, courbes et rouges, feuilles composées de sept ou même de neuf folioles ovales, aigües, coriaces, luisantes, d'un pouce et demi de long ; fleurs rougeâtres, disposées en corymbe et qui paraissent au mois de juin.

I. ROSIER DE PENSYLVANIE (*R. pensylvanica*). Originaire de l'Amérique septentrionale. S'élève en buisson touffu à la hauteur de trois à quatre pieds; tiges armées

d'aiguillons stipulaires et recourbés;
feuilles composées de sept folioles
ovales, aigües, velues et blanchâtres en dessous, fleurs petites, rougeâtres, légèrement odorantes et
qui paraissent en grand nombre au
commencement de juin.

III. ROSIER DE MACARTNEY, ou
ROSIER A BRACTÉES (*R. bracteata*).
Originaire de la Chine. Tige divisée
en rameaux grêles et faibles; sus-
ceptibles d'atteindre depuis six jusqu'à douze pieds de longueur et
quelquefois même davantage; rameaux couverts d'un duvet court,
serré, grisâtre, chargés çà et là,
mais plus souvent à la base de chaque feuille, d'un ou de deux aiguillons tant soit peu courbés; ovaires ovales, soyeux, accompagnés
de bractées lancéolées et soyeuses;
feuilles composées de sept folioles
ovales, très-obtuses à leur sommet,
d'un vert luisant en dessus, plus
pâles en dessous, glabres des deux

côtés, excepté à leur nervure postérieure qui se trouve chargée de poils ; pétioles épineux et velus ; fleurs solitaires, d'un blanc jaunâtre, qui paraissent en juin et durent jusqu'en septembre ; elles sont odorantes. Cet arbrisseau supporte difficilement les gelées. On le multiplie par la greffe , les marcottes et les boutures.

Ce Rosier a été apporté de la Chine en Europe par l'ambassadeur Macartney, et M. Cels est le premier qui l'ait cultivé à Paris.

I. ROSIER HÉRISSON (*R. Rugosa*). Ce Rosier est encore appelé du *Kamtschatka* , en mémoire de l'infortuné Lapeyrouse, aux compagnons duquel on doit cette espèce originaire du Japon, et cultivée depuis plusieurs années dans les environs de Paris. Tiges velues, élevées de deux pieds environ, aiguillons nombreux et presques coniques ; feuilles longues d'un pouce, composées de neuf folioles ovales, d'un vert cendré en dessus, blanchâtres en dessous; fleurs de moyenne grandeur, d'un rose foncé, odorantes et qui paraissent en mai et juin.

III .ROSIER ÉVRATIN (*R. evratina*). A été apporté de Hollande sous le nom de ROSE MUSCADE ROUGE. Cet arbrisseau est très-vigoureux. Tiges peu chargées d'aiguillons; feuilles composées de cinq à six folioles ovales, obtuses, d'un vert foncé, luisantes en dessus et pâles en dessous; fleurs moyennes, d'un rouge pâle, légèrement odorantes, disposées en panicule pendante à l'extrémité des rameaux, et qui paraissent en juin et juillet; folioles du calice très-longues et glanduleuses.

On cultive une variété de ce Rosier, à fleurs doubles, qu'on a primitivement reçue de Hollande sous le nom de MUSCADE ROUGE DOUBLE.

On doit la possession du Rosier

évratin à l'amateur Evrat, et, par sa reconnaissance, M. Bosc a donné à cette Rose le nom de son ami.

I. ROSIER PARVIFLORE (*R. Parviflora*). Originaire de l'Amérique septentrionale. Ne n'élève qu'à la hauteur de douze à dix-huit pouces; ovaires légèrement aplatis; tiges armées de longs aiguillons presque droits; feuilles ovales, lancéolées, d'un beau vert, portées sur des pétioles légèrement velus et souvent épineux; fleurs petites, rouges, assez odorantes, qui paraissent en juin et durent tout l'été.

On cultive, sous le nom de ROSIER CAROLINE, une variété du Rosier à petites fleurs, remarquable par le grand nombre de ses fleurs, qui sont moyennes, d'un rose très-pâle sur les bords, mais plus vif dans le centre.

III. ROSIER A FEUILLES TERNÉES (*R. ternata*). Forme un buisson médiocre à épines recourbées,

opposées et rouges comme l'écorce;
feuilles persistantes, moyennes,
lancéolées, luisantes et d'un vert
foncé; fleurs moyennes, simples et
blanches; fruit gros, un peu rétréci
vers la base et couvert, ainsi que
les péconcules, d'un grand nombre
de poils roussâtres, roides, non-
glanduleux, mais effilés; divisions
calicinales simples. Cette espèce est
cultivée dans les jardins de Caserte,
près de Naples, où elle a été observée par M. le marquis de Dresnay.

On cultive ce Rosier en France
sous le nom de Rosier toujours
vert de la Chine; mais il fleurit
rarement.

I. ROSIER A LONGUES FEUIL-
LES (*R. longi folia*). Tiges glabres,
robustes et inermes; feuilles composées de cinq folioles ovales, glabres des deux côtes, bordées de
dents simples; pétioles couverts de
poils glanduleux et garnis d'une cou-
ple d'aiguillons recourbés; fleurs

grandes comme la Rose des champs, disposées en corymbe et portées sur des pédoncules garnis de poils glanduleux.

Ce Rosier croît dans les Indes orientales.

ROSIER DES INDES. (*R. indica*). Cette espèce se distingue du Rosier à longues feuilles, par ses folioles plus courtes, cotonneuses en dessous et par ses pédoncules glabres. Le tube du calice est lisse.

Ce Rosier croît à la Chine.

I. ROSIER DU KAMTSCHATKA (*R. Kamtschatica*). Tiges de trois à quatre pieds, branches; aiguillons stipulaires, courbés; folioles dentées; pédoncules rouges, fleurs pourpres. On cultive, sous le nom de *Damossine*, un kamtschatka à à fleurs doubles et d'un rose foncé.

ROSIER DE WOODS. (*R. woodsii*). Arbrisseau en buisson; aiguillons droits, faibles et épars; feuilles composées de sept folioles luisantes, dentées et pâles en dessous ; fleurs simples et d'un rose pâle. Originaire du Missouri.

I. ROSIER BRILLANT : (*R. nitida*). Buisson rougeâtre ; aiguillons faibles et entremêlés de soies ; feuilles composées de trois à sept folioles lancéolées et simplement dentées ; fleurs en corymbes et d'un rouge éclatant. Originaire de Terre-Neuve, d'où il fut apporté en Angleterre en 1773.

ROSIER DE LINDLEY (*R. laxa*). Arbuste étalé et à rameaux luisants; aiguillons faibles et entremêlés de soies ; feuilles composées de sept à neuf folioles lancéolées, glauques et nues; fleurs simples et roses. Amérique septentrionale.

I. ROSIER DE SABINE (*R. sabini*). Arbrisseau de six à huit pieds ; aiguillons courbés en faux ; feuilles composées de cinq à sept folioles ovales et doublement dentées; fleurs simples, rouges et blanches. Ce rosier a une variété qu'on nomme *do-niana*.

III. ROSIER ROUGEATRE (*R. rubel-la*). Arbuste de trois à quatre pieds, à rameaux droits ; aiguillons faibles et mêlés de soies; feuilles composées de sept à onze folioles ovales, pointues, doublement dentées et d'un rose foncé ; fleurs pâles ou d'un rouge foncé. Angleterre et nord de l'Europe.

III. ROSIER TRÈS-ÉPINEUX (*R. spinosissima*). Arbrisseau peu élevé, à branches très-divisées; aiguillons épais et en faulx; feuilles de sept folioles et simplement dentées; fleurs petites et blanches.

ROSIER A PÉTALES ROULÉS (*R. involuta*). Arbuste touffu ; aiguillons gros et mêlés de soies ; feuilles composées de cinq à sept folioles ovales, doublement dentées; fleurs rouges et blanches, à pétales roulés. Ecosse.

ROSIER DEMATRA (*R. spinuli-*

folia). Arbrisseau vigoureux ; aiguillons droits et forts ; fleuilles composées de cinq à sept folioles] ovales et doublement dentées; fleurs moyennes et d'un rouge pâle. Suisse.

ROSIER D'IRLANDE (*R. hibernica*). Buisson épais ; aiguillons droits et mêlés de soies; feuilles composées de cinq folioles simplement dentées ; fleurs sans bractées et d'un rose pâle.

ROSIER GLUTINEUX (*R, cretica*). Buisson épais; aiguillons serrés et arqués; feuilles composées de cinq à sept folioles blanchâtres, à dents grossières et presque simples, petites et d'un rouge pâle. En Sicile et en Grèce.

ROSIER SOYEUX (*R. sericea*). Buisson épais ; aiguillons droits et ovales; feuilles composées de sept à onze folioles oblongues, vertes en dessus, pâles en dessous, soyeuses et à dents simples et profondes ; fleurs roses. Du Népaul.

III. ROSIER DE BROWN ou DU NÉPAUL (*R. Brownii*). Arbrisseau rameux ; aiguillons épars, forts et crochus ; pétioles velus et glanduleux ; feuilles composées de cinq à sept folioles lancéolées, simplement dentées et velues ; fleurs simples, d'un jaune pâle et en bouquets. Ce Rosier craint la gelée.

II. ROSIER A TROIS FEUILLES (*R. trifoliata*). Arbrisseau sarmenteux ; aiguillons épars et crochus ; pétioles armés de petits aiguillons crochus ; feuilles de trois à cinq folioles ovales, simplement dentées; fleurs blanches et nombreuses.

I. ROSIER SÉTIGÈRE (*R. setigera*). Buisson à rameaux sarmenteux ; aiguillons stipulaires ; feuilles composées de trois à cinq folioles ovales, à dents simples et à nervures prononcées; fleurs d'un rose pâle et en corymbes multiflores.

ROSIER HÉRISSON (*R. hytrix*). Buisson à rameaux flexibles; aiguillons droits et petits; feuilles composées de trois folioles ovales, simplement dentées et luisantes; fleurs grandes et d'un rose foncé.

III. ROSIER DE BOURBON (*R. burboniana*). Il se rapproche beaucoup du Bengale, mais il en diffère par des rameaux plus flexueux, plus aiguillonnés et qui sont glanduleux; les feuilles sont composées de sept folioles lisses; les fleurs sont demi-doubles et d'un rose foncé. Cette espèce, qui est originaire de l'île Bourbon, a plusieurs variétés :

La Jeanne d'Albret, fleurs doubles, moyennes et d'un rose lilas.

Le Pompon de Wasemmes, fleurs très-pleines, petites et d'un rose pâle.

La Valéda, fleurs pleines, moyennes, d'un beau rose et odorantes.

Le Bengale neuman, fleurs très-doubles, grandes et d'un rose pâle.

La Chloé, fleurs doubles, moyennes et d'un rose tendre.

La Faustine, fleurs pleines, grandes et d'un blanc carné.

La Thémis, fleurs doubles, moyennes et d'un rose carné.

Le Bourbon carné, fleurs doubles, moyennes et carnées.

Culture

DES ROSIERS.

—

L'homme, à toutes les époques de sa vie, exige qu'on le soigne: de cette exacte observation dépendent son développement, sa force, sa santé et une partie de ses agréments. La plante, également, réclame une culture suivie, et sa beauté, son éclat, sont exclusivement attachés aux soins qu'on lui donne. Ce n'est qu'en se pénétrant de cette vérité que l'amateur parviendra à embellir son parterre.

Quoique le Rosier soit un des arbrisseaux qui s'accommodent le mieux des différents sols et des diverses températures, il prospère davantage dans certains terrains appropriés à sa nature, et demande aussi des égards si l'on désire se procurer de beaux individus. En général il lui faut une terre meuble, fraiche et même profonde, ses racines aimant à se promener en tous sens ; il faut néanmoins avoir l'attention de ne pas les laisser trop s'étendre , et de donner de temps à autre un léger labour. Une exposition chaude et aérée convient à tous les Rosiers; cependant un grand nombre supporte les gelées ; mais d'autres, tels que les rosiers Muscade, Multiflore, Macartney et du Bengale, doivent être garantis avec des paillassons s'ils sont contre un mur, et empaillés s'ils sont greffés, dans la crainte de perdre leurs têtes. Quant aux rosiers d'orangerie, il suffit de les préserver de la gelée et de ne les priver ni d'air, ni de lumière.

Les rosiers jaunes très-épineux et de Meaux sont les premiers à perdre leurs feuilles. Lors que l'hiver est doux, le rosier à cent feuilles en conserve encore quelques unes au printemps suivant. Le rosier de Damas conserve ordinairement les feuilles terminales. Le rosier Musqué ne perd les siennes que fort tard ; mais aussi la gelée attaque les rameaux et des tiges entières ; en revanche sa croissance est si rapide qu'il donne de nouvelles tiges la même année, et répare en deux ou trois ans les ravages d'un hiver rigoureux. Les rosiers de Provins conservent leur feuillage une partie de l'hiver quand ils sont exposés au midi.

On employait jadis le *croissant* pour tailler le rosier ainsi que cer-

tains arbres en boules, en pyrami-
des, ou en d'autres formes ; mais,
aujourd'hui, on se borne à l'usage
des *ciseaux* et de la *serpette*, et l'on
taille peu en boule, si ce n'est le rosier de Meaux et celui d'Écosse à
fleurs doubles et blanches qui, greffés sur l'églantier, et taillés de cette
manière, produisent beaucoup d'effet, par la quantité de fleurs dont
ils sont couverts à la fin du printemps. On doit tailler le Rosier aux
ciseaux, aussitôt que la fleur est
passée. Outre cette première coupe,
la plupart des espèces se taillent encore à la serpette, au mois de fé-
vrier, époque à laquelle elles entrent
ordinairement en sève. On les débarrasse alors des bois morts, des
branches qui sont tachées de blanc,
et enfin de tout ce qui peut nuire à
leur accroissement. Il ne faut point
devancer le terme de cette taille,
parce que la gelée pourrait entraîner à une nouvelle opération.

Les massifs de Rosiers ont succédé au palissage contre les murs ou des berceaux ; mais, en général, les rosiers greffés à tige doivent être appuyés sur un treillage ou former palissade. Il en est de même pour les Rosiers sensibles au froid. Si l'on greffe des espèces sur le Rosier des haies, leurs têtes peuvent atteindre à une hauteur considérable en les adossant à un mur. Le Rosier musqué et celui des champs peuvent aussi couvrir des berceaux entiers.

On doit tenir en buisson les espèces qu'on veut multiplier, parce que, de cette manière, les racines poussent plus de rejetons ; d'ailleurs, les Rosiers ainsi abandonnés à leur nature, sont plus beaux et plus durables.

Les fleurs du Rosier jaune soufré sont sujettes à crever dans l'épanouissement, et prennent souvent une mauvaise forme avant de s'ouvrir. Parkinson indique la précau-

tion de couper une partie des boutons pour que les autres n'avortent
pas. On dit encore que, pour faire
mieux épanouir la fleur, il faut pen-
cher le bouton et le retenir contre
terre.

Il devient souvent indispensable
de renouveler les pieds des Rosiers,
en coupant toutes les tiges rez-ter-
re, et alors il faut aussi changer la
terre autour de ces pieds. Il convient
encore, lorsque les Rosiers végètent
sur un mauvais terrain, de les transplanter tous les dix à douze ans.
Cette transplantation n'a aucun in-
convénient, quelque peu de racines
qu'aient les Rosiers, lorsqu'elle à
lieu au commencement de l'hiver.

Tous les procédés employés pour
multiplier les autres végétaux conviennent aux Rosiers; mais ils ne
sont pas également applicables à
chaque espèce ou à chaque variété
en particulier, et tandis que les espèces à fleurs simples se reprodui-

sent naturellement par la dispersion de leurs graines, il faut recourir à d'autres moyens pour la propagation des variétés à fleurs doubles qui donnent rarement des fruits, et pour celles à fleurs pleines qui n'en donnent jamais.

Les Rosiers se multiplient par semences, par rejetons, par déchirement de vieux pieds, par marcottes, par boutures, par racines et par greffes.

Semis.

On ne fait usage des semences que pour obtenir des fleurs doubles des espèces simples qui sont livrées à la culture, et pour avoir de nouvelles variétés. Les Rosiers sauvages les plus propres au semis sont : Le Rosier des haies, le velu, le blanc, le rouillé, celui des chiens, celui des montagnes, et celui des collines. Il faut que les fruits aient atteint toute leur maturité, et pour cela qu'ils aient été frappés des premières gelées, alors on les récolte pour les semer immédiatement, afin que les graines germent au printemps suivant. Il arrive cependant, que la plupart ne commencent à pousser que le deuxième printemps. La terre employée pour le semis doit être légère et préparée à l'exposition du levant, ou, pour jouir plus promptement, on sème dans des terrains placés dans des couches à chassis. Les jeunes pousses ne doivent être repiquées qu'au bout de la deuxième année ; elles donneront des fleurs la cinquième ou sixième. Cette lenteur dans l'accroissement est cause qu'on n'emploie ce mode de reproduction, comme on l'a déjà dit plus haut, que pour se procurer de nouvelles variétés ou des fleurs doubles des espèces exotiques récemment cultivées.

Rejetons.

Les rejetons sont de jeunes tiges qu'on détache du pied de la plante. Ce moyen est très-sûr et très-facile: il suffit d'un ou deux chevelus pour que les rejetons reprennent racine lorsqu'ils sont transplantés à l'entrée de l'hiver; on en voit même qui en sont totalement dépourvus et qui végètent aussi promptement que les autres. Les rejets trop faibles pour être transportés immédiatement à la place qu'ils doivent occuper, sont mis provisoirement en pépinière, à deux pieds de distance; ceux qui sont vigoureux peuvent se transplanter en automne, et presque toujours donnent des fleurs au printemps suivant. Quelques espèces ne donnent point de rejetons, ou n'en fournissent qu'un très-petit nombre; tels sont les Rosiers Mousseux,

Musqué, Toujours fleuri et Multiflore.

DÉCHIREMENT DES VIEUX PIEDS.

Le déchirement des vieux pieds
est la séparation de chacune des tiges du Rosier, avec une portion de
racines. On peut pratiquer ce mode
de multiplication pendant tout l'hiver, en ayant l'attention de rabattre
les tiges, en cas de vieillesse, à deux
ou trois pouces de terre.

MARCOTTES.

Les marcottes sont des branches
du Rosier qu'on couche en terre,
afin qu'elles y prennent racine. On
doit le faire au commencement du
printemps , dans un terrain ombra-
gé, et les arroser fréquemment pendant les fortes chaleurs. Ainsi disposées, elles peuvent être transplan-
tées l'hiver suivant, et donner des

fleurs au second printemps. Toutes les espèces se prêtent à la multiplication par marcottes. S'il arrive que quelques-unes poussent toujours des rejetons directs, on y remédie en plaçant une large pierre sur le pied dont les branches ont été couchées, et ligaturant ces branches avec du fil laiton.

BOUTURES.

La bouture, quoique moyen très-simple en apparence, demande cependant des précautions et de la pratique pour réussir. Il s'agit d'arracher en talon, ou de couper au dessous d'un nœud ou d'un bouton, mais horizontalement, net, et avec un instrument très-tranchant et très-propre, soit une petite branche, soit un tronçon de tige, d'une longueur que doit déterminer la dimension du rosier. On met aussitôt cette bouture dans une terre préala-

blement passée au crible de fer , et
dans un endroit frais. On ne fait
guère usage des boutures que pour
les espèces d'orangerie, et alors on
les place dans des pots, sur couches
et sur chassis, à toutes les époques
de l'année.

RACINES.

Pour multiplier par le moyen des
racines, on enlève celles d'un vieux
pied, on les coupe en tronçons de
cinq à six pouces de long, et on les
place dans des pots, sur couches et
sous chassis, en ayant soin de laisser hors de terre quelques lignes du
gros bout de chaque tronçon. On
peut relever les plans dès l'hiver
suivant,

GREFFE.

La greffe est une opération par
laquelle on unit une partie d'un rosier à un autre rosier, pour l'y faire
croître comme sur son pied natu-

rel , en formant, par cette réunion,
un tout de la tige et des racines
d'une espèce avec la tête d'une autre espèce. Ce moyen de multiplication est le plus répandu aujour-
d'hui..

La greffe en *écusson* est celle
qu'on emploie communément pour
les Rosiers. Elle se fait en deux saisons : au printemps, lors de l'as-
cension de la sève, c'est l'écusson à
œil poussant, et en été, lorsque la
première sève est arrêtée, c'est l'écusson à *œil dormant,* qui ne doit se
développer qu'au printemps suivant.
Pour la première de ces greffes on
emploie des branches de l'année
précédente, et pour la seconde des
branches de l'année même. On enlève à ces branches une portion de
chaque feuille, de manière qu'il
n'en reste qu'un cinquième environ après les pétioles, et cette préparation achevée, on procède
comme il suit pour obtenir les écus-

sons. La branche se prend de la main gauche ; elle se tient avec le *pouce* et l'*index*, et les doigts *majeur* et *annulaire* servent de point d'appui pendant l'opération. L'*œil* de l'écusson doit être bien aoûté et bien nourri ; on place le tranchant du *greffoir* quatre ou six lignes au-dessus de cet *œil*, suivant la grosseur de la branche ; on l'enfonce obliquement en descendant jusqu'à ce qu'on ait entamé l'*aubier*, et l'on continue à le faire descendre verticalement jusqu'à ce que l'œil soit dépassé de quelques lignes ; alors on allonge encore tant soit peu l'écusson, mais en obliquant légèrement le tranchant du *greffoir* du côté de l'écorce, afin de la détacher. Si par cas on avait enlevé une trop grande portion d'*aubier*, on en retrancherait à l'aide de l'instrument, mais en observant de ne pas offenser l'*œil* et le *germe* qu'il contient. Cet écusson se tient à la bouche, en plaçant entre

les lèvres l'extrémité du pétiole,
pendant qu'on dispose le *sujet*, On
fait à celui-ci, dans la partie où
l'écorce est bien unie et sans nœuds,
une incision horizontale jusqu'à
l'*aubier*, un peu plus large que la
greffe, et au milieu de cette incision, on en fait une seconde verticale de la longueur de l'écusson
qu'on a choisi. Quand on écus-
sonne au printemps, la réunion de
ces deux incisions doit présenter la
forme d'un ֻL renversé, parce que
l'incision verticale se fait au-dessus
de l'horizontale, et après la sève au
contraire, la forme est celle d'un
T droit, parce que l'incision verticale a lieu au dessous de l'autre.
Avec l'ivoire du greffoir on sou-
lève légèrement les côtés de l'écorce
dans l'endroit où les incisions ont
été pratiquées, de manière à pouvoir introduire l'écusson dont on
laisse seulement à peu près une ligne en dehors; alors on applique

le tranchant de l'instrument dans une direction semblable à l'incision horizontale; et l'on coupe la portion de l'écusson qui n'est pas insérée sous l'écorce, et qui entré dans l'incision horizontale, on rapproche ensuite la greffe de cette incision, pour que son écorce touche celle du *sujet* dans cette partie, et l'on appuie sur l'écusson avec le plat de l'ivoire, pour l'appliquer plus immédiatement sur *l'aubier*. On termine l'opération en entourant tout l'écusson, à l'exception de *l'œil*, avec une ligature de laine non tordue. On emploie encore des lanières de plomb, peintes en blanc, et dont l'épaisseur est relative à celle des branches. Alors on entoure, avec le milieu de la lanière, la fente de l'écusson au-dessous de *l'œil*, et on réunit les deux extrémités de l'autre côté, en donnant une légère torsion. On met aussi une autre lanière au-dessus de *l'œil*. A mesure

que la branche grossit, la torsion
diminue, et il arive souvent que
la lanière tombe au moment où elle
cesse d'être utile. Quand on écus-
sonne à *œil poussant*, on coupe de
suite la tête du *sujet*.

On doit visiter fréquemment les
greffes pour réparer le dérange-
ment qui pourrait avoir lieu dans
la ligature, et l'on est assuré du succès de l'opération quand le pétiole
se détache naturellement et promptement. On a l'attention de relacher
la ligature à mesure que le sujet
grossit, et lorsqu'il est bien repris
on l'en débarrasse aussitôt, soit
après la pousse pour les écussons
du printemps, soit à l'entrée du
printemps pour ceux à *œil dormant*.
S'il se développe plusieurs bourgeons, on n'en laisse aucun aux *su-
jets* nains, et un ou deux seulement
à ceux à tige, afin d'attirer la sève
des racines, jusqu'à ce que la greffe
ait poussé un *scion* garni de trois ou

quatre feuilles, alors on détruit entièrement les bourgeons.

Quoique destinés à ne se développer que le printemps suivant, on peut forcer les écussons à *œil dormant* à pousser de suite, en coupant la tête du *sujet* au dessus de l'écusson après avoir greffé, au lieu d'attendre la fin de l'hiver comme on fait ordinairement ; mais cette pousse trop hâtée peut courir des dangers pendant les grands froids.

On peut garder plusieurs jours les branches qu'on a coupées et préparées pour former des greffes, en ayant le soin de les envelopper dans plusieurs linges mouillés; mais pour les conserver plus long-temps, ou les faire voyager, il faut les enduire de miel ou les placer dans un vase qui en soit rempli. Il suffit, lorsqu'on veut en faire usage, de les plonger dans l'eau tiéde pour enlever le miel.

On emploie aussi pour les Rosiers, mais bien rarement, la greffe en *fente* qui se fait à la première sève du printemps. Elle se pratique de la manière suivante : on coupe sur les espèces qu'on veut multiplier, de petits rameaux destinés à porter des fleurs dans l'année ; on les taille très-nets en *biseau*, par leur base, à commencer d'un *œil* et de manière que l'écorce, laissée seulement du côté de cet *œil*, puisse se bien ajuster avec celle du *sujet* que l'on a coupé préalablement et horizontalement, à la hauteur convenable ; on fend ensuite perpendiculairement celui-ci par le milieu et suffisamment pour y introduire la greffe qui s'enfonce jusqu'à l'indroit où commence le *biseau* ; on recouvre ensuite le haut du *sujet*, ses fentes et le bas de la greffe, d'une sorte de mastic composé de deux tiers de colophane, et d'un tiers de cire jaune, fondues et mêlées ensemble. Ce mastic doit être assez chaud pour bien tenir, mais pas assez pour dessé- cher les parties qu'il doit garantir du contact de l'air.

Beaucoup d'amateurs se plaisent à greffer différentes espèces sur le même sujet, mais rarement ils jouis- sent long-temps de l'agrément qu'ils se sont procuré, et l'espèce la plus vigoureuse attirant à elle toute la sève fait bientôt périr les autres.

Pline indique pour moyen, quand on vent se procurer des Roses pré- coces, de creuser la terre au pied du Rosier et l'arroser avec de l'eau chaude.

Pour avoir des roses pendant l'hi- ver, il faut retrancher au prin- temps tous les bourgeons qui com- mencent à pousser, ou transplan- ter les Rosiers à la même époque pour rendre leur végétation plus tardive. On place encore de jeunes pieds dans la serre et sur couche, et les espèces qu'on choisit de préférence sont le Rosier des quatre saisons et le pompon. Lorsqu'ils sont fleuris, on en décore les appartements.

Maladies des Rosiers

Les Rosiers sont exposés à diverses maladies plus ou moins dangereuses; mais celle dont la contagion est la plus à redouter pour eux est la *rouille*, produite par une espèce d'*uredo* qui couvre de taches toutes leurs feuilles. L'*œcidium*, autre plante parasite, produit sur eux un effet non moins pernicieux. Le remède le meilleur à employer est de couper rez-de-terre les tiges affectées au commencement de l'été, c'est-à-dire, avant la maturité des semences de l'*uredo* et de l'*œcidium*.

On peut considérer comme une espèce de maladie, le séjour de certains insectes sur les Rosiers. Leurs boutons naissants sont souvent couverts de pucerons dont il est très-difficile de les débarrasser. On dit, cependant, qu'il faut asperger les parties attaquées avec une forte infusion de sureau. Un cultivateur de Sibérie assure que huit ou dix gouttes d'huile de baleine, versées au pied des plantes attaquées par les pucerons, suffisent pour les détruire. Enfin, on se borne quelquefois à les faire tomber à terre, au moyen d'une petite brosse, pour les y écraser ensuite, ou bien on détache ces pucerons avec les doigts, en pressant légèrement les endroits qui en sont couverts.

Le *Bédégar,* excroissance du Rosier, dont il a déjà été parlé, renferme les larves de deux espèces de *Diplolepe,* d'un *Cinips* et d'un *Ichneumon* qui attaquent ensuite d'autres parties de la plante. On s'oppose à leurs ravages, en enlevant les bédegars avant la métamorphose des larves, ou en tuant les insectes dès qu'ils se montrent.

Enfin le *Tendhréde* du Rosier, la *Cétoine éméraudine* et plusieurs espèces de *Cerambix*, détruisent en plus ou moins grande quantité les feuilles ou les fleurs du Rosier.

Les collections de roses les plus remarquables sont celles du jardin du Luxembourg, de Malmaison, de Trianon, de MM. Noisette, Vibert, de Pronville, Laffay, Sisley-Vandaël, Prévot, Godefroy, Miller, etc., etc.

Les auteurs qui ont écrit sur la Rose sont principalement Joannes Silvius, Rosemberg, Domitio Gavardo, Rapin, Dormessan, Buchoz, Guillemeau, Mme de Genlis, Charles Malo et Boitard.

PROPRIÉTÉS

DES ROSES.

—

Les propriétés médicales des Roses sont aujourd'hui très-bornées ; mais les anciens leur ont attribué de grandes vertus. Les Grecs , les Romains et les Gaulois employaient les Roses dans une infinité de remèdes.

Au temps d'Athénée, le persil, le lierre, le myrte et les Roses, passaient pour dissiper les vapeurs du vin, et les buveurs ne manquaient pas de faire un grand usage des dernières.

Les parfums des Roses pris à Capoue, remettaient, dit-on, l'estomac fatigué d'un grand repas.

La Rose de l'Eglantier est celle qui a joui de la plus grande réputation. Elle est éminemment astringente. Hoffman prétend qu'elle est spécifique dans la pleurésie. Paracelse range cette Rose avec les fleurs du genevrier, d'ellébore, la valériane et la mélisse, parmi les plantes propres à prolonger la vie. La poudre jaune ou Pollen, qui couvre les étamines, est, selon Wedelius et Hagendorn, un soufre végétal volatilisé qui a bien des vertus. Cardilucius recommande les fruits en gargarisme dans l'inflammation du gosier; ces mêmes fruits, purgés de leur graine et de leur duvet, sont excellents pour tempérer l'ardeur de la bile, et pour corriger l'intempérie chaude du foie, suivant les témoignages de Zuvenchfeld, d'Héfurus, de Crato, de Michœïlis; de Schenchius, etc. Wedelius et Hagendorn les vantent beaucoup pour l'hydropisie; ils ne sont point d'un moindre secours dans la dyssenterie, si l'on en croit Jean Freitagius et Raimond Mindedurus; Cardilucius, Balthasard Timéus, Rivière, Scroder, Haffman et autres, s'en sont servis heureusement dans les pertes de sang. La semence qui est enfermée dans le fruit est diurétique, selon Schroder, Wedelius et autres. L'éponge qui croît sur l'églantier était aussi d'un grand usage dans la médecine : selon Helvetius, elle est bonne pour calmer les douleurs de tête, soit qu'on s'en serve intérieurement ou extérieurement. Quelques auteurs, tels que Tragus Zuvenchfeld, Simon Paulli, Sennert et plusieurs autres, prétendent qu'elle a quelques vertus somnifères et hypnotiques; Willis s'en sert pour arrêter le crachement de sang; Hoffman, pour calmer la frénésie. Zuverfer et Sérapion nous assurent que les petits vers qu'on trouve pendant l'automne et l'hiver dans cette éponge, sont un remède spécifique cotre l'épilepsie. Rambert Dodonée, Jean-Baptiste Potta, Schenchius Marcus-Marci, Tragus, Cesalpin, et quantité d'autres, nous donnent la racine de l'églantier pour un spécifique contre la rage ou l'hydrophobie. Ce remède est tiré de l'histoire naturelle de Pline, et l'on voit par ce qu'en dit cet auteur, que c'est un remède que les dieux ont révélé aux hommes dans les songes.

Ces sortes de révélations de remèdes étaient très-communes chez les anciens. En Egypte, les malades se rendaient dans le temple d'Isis ou d'Osyris; les Grecs et les Romains, dans celui d'Esculape. Là, après avoir adressé des prières à leurs divinités. ils attendaient paisiblement, dans la douceur du sommeil, quelque songe favorable qui leur indiquât le remède qui devait opérer leur guérison.

Les prêtres, que l'intérêt obligeait à entretenir le peuple dans cette fausse et pieuse crédulité, avaient auprès du temple un jardin qu'ils cultivaient avec beaucoup de soin, et dans lequel ils entretenaient un très-grand nombre de plantes. Ils faisaient visiter ce jardin, pendant le jour, par les malades, qui, occupés uniquement de leur guérison, apportaient la plus grande attention aux végétaux qui s'offraient à leurs regards. Quelques-unes de ces plantes se gravant dans leur mémoire, faisaient sans doute, dans le temps du sommeil, une si forte impression sur eux, qu'ils se persuadaient facilement avoir le remède

que les dieux destinaient à leurs
maux,

La Rose pâle fournit un purgatif
très-doux. Plusieurs auteurs croient
que cette vertu purgative consiste
dans les particules volatiles odoriférentes, ou dans un sel volatil sul-
fureux qui s'échappe très-facile-
ment par la coction : mais l'expé-
rience détruit cette assertion, puis-
que les feuilles sèches de ces mêmes
Roses sont encore purgatives si on
en fait une décoction.

La Rose rouge ou de provins, est
astringeante et cordiale. On prépare
avec elle une teinture en usage
dans la dyssenterie. Un docteur Anglais a constaté la présence du fer
dans les pétales des Roses rouges,
et il attribue à celle d'une très-fai-
ble partie de ce métal, la vertu mé-
dicinale assignée à l'infusion des
Roses.

La Rose blanche, d'après tous les
auteurs est astringeante. On estime

son eau distillée pour adoucir l'oph-
talmie ou inflamation des yeux.

Du temps de Philippe-le-Bel, l'eau
de Roses était regardée comme un
cordial, mêlée sans doute à des
plantes aromatiques; elle servait,
ainsi qu'au temps de Charlemagne
et de l'empereur Alexis, à prévenir
les défaillances.

La Rose musquée est purgative
au suprême degré. Il y a des paysans
qui se sont purgés en mangeant une
ou deux de ces Roses à jeun. Une
dame romaine ayant fait usage de
ce purgatif, faillit en mourir. Les
étamines, le calice, le fruit et la
semence ont des vertus astringeantes.

Les roses sont employées en ca-
taplasme et en fomentation comme
vulnéraires, astringeantes et forti-
fiantes.

La conserve de Roses a été long-
temps célèbre contre la phthisie.

Le miel rosat est un excellent détersif; il s'emploie pour guérir les aphthes de la bouche et les ulcères de la gorge.

On se sert du vinaigre rosat contre les maux de tête produits par la vapeur du charbon ou par l'ardeur du soleil. On trempe des linges dans ce vinaigre et on les applique sur la tête.

EMPLOI

DES ROSES.

—

EAU DE ROSES.

On distille des Roses pâles avec
une petite quantité d'eau. Les Perses
employant la rose *Musquée*, leur eau
est bien supérieure à la nôtre parce

qu'elle donne du parfum en plus grande quantité et qu'il est plus durable. Les habitants de *Faiüme*, près *Schechabald* (autrefois Arsinoé), capitale de la basse Thébaïde en Egypte, sont renommés pour leur adresse à distiller l'eau de Roses. Avicenne est le premier qui ait parlé de l'eau de Roses chez les Arabes, et Arctuarius chez les Grecs.

ESSENCE DE ROSES.

On effeuille des Roses musquées dans un vase de bois, où l'on a mis de l'eau, et on l'expose à l'action du soleil. La chaleur dégage la partie huileuse des pétales qui vient nager sur l'eau ; on la recueille soigneusement avec du coton fin qu'on exprime immédiatement dans de petites bouteilles qu'il faut boucher ensuite très-hermétiquement. Les Roses donnent plus ou moins d'essence selon l'espèce et selon le pays où elles sont cultivées. Cette essence est d'une couleur citronnée et presque transparente ; elle reste constamment figée à une température naturelle et se liquéfie dès qu'on l'échauffe un peu en tenant le flacon dans la main ; il suffit de tremper la pointe d'une épingle dans ce flacon et d'en toucher un mouchoir, pour qu'il en conserve l'odeur pendant très-longtemps.

L'essence de Roses, que les orientaux nomment *Ather*, (1) est de tous les parfums celui qu'ils estiment le plus. C'est un objet de commerce sur les côtes de Barbarie, en Syrie, et surtout en Perse, où elle se vend à un prix fort au dessus de celui de l'or. L'essence la plus recherchée est celle de Kachmyr ; vient ensuite celle de Perse ; celle de Syrie

---

(1) Mot arabe qui signifie parfum.

et celle des états barbaresques qui lui est inférieure.

AUTRE ESSENCE DE ROSES.

On a une caisse dont le dedans soit garni de fer-blanc, afin que le bois ne communique aucune odeur aux fleurs et ne boive pas l'essence. On place dans cette caisse des chassis de deux pouces. d'épaisseur et garnis de pointes, disposées de manière à pouvoir tendre des toiles dessus ; ces toiles doivent être de coton et bien lessivées ; on les imbibe *d'huile de ben* avant de les attacher aux pointes ; cela fait, on met un chassis au fond de la caisse, et l'on sème dessus la toile des Roses effeuillées ; on couvre ce premier chassis d'un second, sur lequel on sème encore des Roses, et l'on continue ainsi jusqu'à ce que la caisse soit pleine. Les chassis étant de deux pouces d'épaisseur, les fleurs ne sont pas prespées, et il y en a dessus et dessous les toiles. Douze heures après on remet d'autres fleurs, que l'on renouvelle de cette mauière pendant plusieurs jours. Quand l'odeur paraît assez forte, on léve les toiles de dessus les chassis; on les plie en plusieurs doubles; on les lie avec une ficelle pour les contenir, et on les met à la presse pour en exprimer l'huile. Cette presse doit être de fer-blanc, et l'on met dessous des vaisseaux convenables pour recevoir l'essence, que l'on conserve ensuite dans des fioles bien bouchées.

Ce procédé est aussi d'usage pour obtenir l'odeur des fleurs qui ne donnent pas d'huile essentielle par la distillation, telles que la tubéreuse, le jasmin et plusieurs autres.

HUILE ROSAT.

On pile des Roses pâles récentes, et on les fait macérer au bain-marie pendant deux jours dans quatre fois leur poids d'huile d'olive. Cette préparation fut célèbre chez les anciens et en usage du temps du siège de Troyes, si nous en croyons Homère.

SIROP ROSAT.

On fait infuser des Roses sèches dans de l'eau chaude et l'on cuit cette infusion avec une quantité suffisante de sucre blanc.

VINAIGRE ROSAT.

On introduit des Roses sèches dans une bouteille et l'on verse dessus du meilleur vinaigre; on bouche avec soin la bouteille et on l'expose au soleil pendant vingt jours; au bout de ce temps on passe avec expression dans un linge, et l'on introduit de nouveau dans la bouteille des Roses, et par dessus l'infusion qui a été passée; on la met encore en digestion l'intervalle de vingt-quatre autres jours, et on la passe une seconde fois pour la conserver dans des fioles.

MIEL ROSAT.

On fait macérer des Roses fraîches dans une petite quantité d'eau bouillante, et l'on fait cuire avec du miel le suc exprimé et filtré.

CONSERVE DE ROSES.

On prépare cette conserve en pilant les pétales enlevés des boutons de Roses, avec leur poids égal de sucre.

CONFITURE DE ROSES.

La confiture de Roses qu'on appelle encore conserve de *Cynorhodon*, se fait avec les fruits du Rosier églantier, ou du Rosier velu d'où on a préalablement séparé les graines de la pulpe; cette dernière, mêlée avec du sucre, est une confiture assez agréable. En Suède on met le fruit de l'églantier dans les ragoûts, comme nous y mettons chez nous la tomate, et les pauvres en font une espèce de pain.

HUILE OU LIQUEUR DE ROSES.

On distille au bain-marie une livre de Roses par litre d'esprit de vin, et l'on obtient une liqueur très-odorante appelée esprit de Roses. En ajoutant à cet esprit une certaine quantité de sucre on fait cette liqueur si agréable aux dames, connue sous le nom *d'huile de Roses, huile d'Amour, huile de Vénus, huile d'Anonis,* etc.

SUCRE DE ROSES.

On dissout du sucre bien blanc

dans de l'eau de Roses, et on y mêle
des Roses sèches en poudre, jusqu'à ce qu'on puisse réduire la pâte
en tablettes.

PASTILLES ET COLLIERS DE ROSES.

On met infuser à froid six onces
de Benjoin, pendant vingt-quatre
heures dans une bouteille, avec
parties égales des eaux d'ange
et de fleur d'orange ; on prend ensuite huit onces de boutons de Roses mondés et on les broie dans un
mortier de marbre, avec une once
de sucre candi, ayant le soin de les
arroser avec l'eau dans laquelle on
a fait tremper le benjoin; on ajoute
encore un gros de storax en poudre,
avec un peu d'ambre, et lorsque
tout est exactement mêlé on en
forme des pastilles auxquelles on
donne différentes figures, ou des
grains arrondis pour des colliers.

On les fait sécher dans des boîtes de sapin et dans un endroit chaud.

Les Roses entrent dans la composition des eaux spiritueuses de Chypre, d'Ange, Divine, Couronnée, de Mille Fleurs, d'Adonis, Mignonne, de la Fontaine de Jouvence, etc., etc.;

Dans les eaux cosmétiques de Myrrhe, spécieuse, et la plupart de celles destinées à blanchir et à donner de l'éclat au visage;

Dans le lait virginal;

Dans plusieurs savonnettes;

Dans les pommades et poudres pour les cheveux;

Dans quelques essences, poudres et opiates pour nettoyer les dents;

Dans les poudres et pâtes pour nettoyer les mains et adoucir la peau.

En Italie, les Dames font des colliers et des bracelets avec une pâte qu'elles composent de Roses fraîches et un peu passées, d'aspic, de myrrhe et d'iris. Elles réduisent encore cette pâte en poudre pour la répandre sur leurs corps en sortant du bain, et lorsqu'elle est sèche, elles l'enlèvent avec de l'eau fraîche.

On fait aussi avec des Roses divers sachets et des pastilles à brûler. Les Italiens préparent des sachet de la manière suivante : ils prennent des boutons de Roses ; ils en ôtent le vert et le réceptacle, et introduisent par l'ouverture que présentent alors les boutons, un clou de girofle avec un peu de civette ; ils laissent ensuite sécher entre deux linges et à l'ombre.

Enfin le parfum de la Rose se fixe dans toutes sortes de bonbons, dans des crèmes, des glaces, des liqueurs et même dans des pâtisseries.

DESSICATION

DES ROSES.

Les distillateurs, les parfumeurs et les confiseurs conservent des Roses sèches pour les différentes préparations qui ont été indiquées. La dessication de ces fleurs demande un soin particulier, et de l'attention qu'on y apporte dépend le succès de leur emploi. On cueille les Roses pendant un jour bien sec et avant leur entier épanouissement, on les monde de leurs calices et l'on ongle exactement leurs pétales. On les étend sur des claies élevées de deux à trois pieds au-dessus du sol, et on les expose à l'ombre s'il fait chaud, ou sur le dessus d'un four si le temps est humide. Plus cette dessication s'opère promptement, et mieux il vaut pour le développement du parfum. Avant de renfermer les Roses, ainsi séchées, on les secoue dans un crible pour en séparer le sable, la terre et les œufs d'insectes qui auraient pu s'y mêler ; car, sans cette précaution, on courrait le risque de voir sa récolte dévorée. M. Poncet indique l'usage du vieux fer comme un moyen de préservation contre l'attaque de ces petits animaux; et M. Demachy conseille de remuer les Roses dans une bassine sur le feu, pour détruire leurs œufs; mais ce moyen est sujet à beaucoup d'inconvéniens.

AMUSEMENTS

AVEC

les Roses.

—

MOYEN DE SE PROCURER UNE ROSE
ÉPANOUIE A UN JOUR MARQUÉ.

On choisit sur la tige d'un Rosier,
dans le temps que les dernières

fleurs paraissent, les boutons les mieux formés et prêts à s'ouvrir, on les coupe avec des ciseaux, en observant s'il est possible, de leur laisser une queue longue de trois pouces. On couvre l'endroit coupé avec de la cire d'espagne ; et après avoir laisser faner les boutons, on les enveloppe, chacun à part, dans un morceau de papier bien sec, et on les enferme dans un endroit à l'abri de l'humidité. Lorsqu'on veut les faire éclore, on coupe le bout où est la cire, et on le met tremper dans de l'eau où l'on a fait fondre un peu de nitre ou de sel.

DESSÉCHER UNE ROSE AVEC SA TIGE ET SES FEUILLES SANS ALTÉRER AUCUNE FORME.

On choisit du sable de rivière ou à défaut du sablon fin, qu'on lave pour enlever toutes les ordures étrangères, et qu'ensuite on fait sé-

16.

cher. On met dans le fonds d'un vase convenable une couche de ce sablon pour assujétir la queue de la Rose, qu'on doit avoir eu soin de cueillir dans un temps bien sec, puis on verse doucement sur la fleur avec un tamis et entre les pétales, du sablon, en étendant et arrangeant à mesure les rameaux et les feuilles; on en couvre la Rose de l'épaisseur d'un pouce, et on met le vase dans une étuve très-chaude; on l'y laisse un certain temps, et on en retire ensuite le sable en le versant légèrement. Cette Rose ainsi desséchée conserve sa beauté et son éclat, mais on doit la renfermer sous verre pour la garantir du contact de l'air.

CHANGER LA COULEUR D'UNE ROSE.

En exposant une Rose *rouge*, entièrement épanouie, à la vapeur du souffre, elle deviendra *blanche* : en

la mettant ensuite dans l'eau , peu
d'heures après elle reprendra sa couleur naturelle.

PANACHER DES ROSES.

On plante un Rosier blanc dans
un pot que l'on remplit d'excellente
terre ; on arrose la plante soir et
matin avec une eau colorée, et on a
soin de la garantir toutes les nuits
des impressions de la rosée, qui dé-
truirait la couleur que la plante doit
acquérir par les sucs colorés qui
monteront dans la tige. Si on a ar-
rosé la plante, par exemple, avec
de l'eau colorée par du bois du Bré-
sil rouge, la fleur tiendra de cette
couleur, et de sa couleur blanche
naturelle.

POUDRE DU DIABLE.

Les charlatans font, avec le duvet
qui entoure les semences de l'églan-

tier, une poudre qui, appliquée sur la peau, produit une démangeaison très-vive.

On rapporte enfin, dans divers ouvrages, plusieurs expériences pour se procurer des Roses de différentes couleurs. On assure, par exemple, que pour avoir des Roses vertes, il ne s'agit que de greffer un Rosier sur le HOUX, (*ilex aqui folium*); mais ces expériences sont, pour la plupart, dans le genre des secrets du *petit-Albert.*

FIN.

Vocabulaire.

A

ANTHÈRE. Partie supérieure de l'étamine qui renferme le *pollen* ou poussière fécondante.

AIGUILLONS. Piquans plus ou moins forts qui tiennent à l'écorce seulement, et qu'on peut détacher très facilement.

AXILLAIRE. Qui part de l'aisselle d'une feuille ou d'un rameau.

AUBIER. Partie intermédiaire que

l'on trouve entre l'écorce et le bois proprement dit.

Aisselle. Point de réunion formé par la queue d'une feuille, ou par un rameau sur une tige.

Aggloméré. Rassemblé en un ou plusieurs faisceaux.

Alterne. Disposé à des distances à peu-près égales, des deux côtés d'une branche ou d'une tige.

Articulé. Qui semble être formé de plusieurs pièces unies par des nœuds.

Astringent. Qui resserre.

B

Bractées ou feuilles florales. Petites feuilles qui accompagnent la fleur, et qui sont ordinairement différentes des autres.

Bouquet. Assemblage de fleurs dont les pédoncules partent de différens points et s'élèvent à différentes hauteurs.

BIPINNÉ. Disposition de pétioles secondaires, garnis de folioles et placés des deux côtés d'un pétiole commun.

BACHE. Espèce de chassis.

BISEAU. Extrémité coupée en pente.

BAIN-MARIE. Eau bouillante où l'on plonge un vase qui contient ce qu'on veut faire chauffer.

C

CALICE. C'est l'enveloppe extérieure de la fleur. Lorsqu'il est supérieur à l'ovaire, il tombe souvent après la fécondation du fruit. On l'appelle *persistant* lorsqu'il subsiste à la floraison. On nomme *monophylle* le calice qui est formé d'un seul feuillet; *biphylle*, *triphylle*, *tétraphylle*, *pentaphylle* et *polyphylle*, celui qui est composé de deux, trois, quatre, cinq, ou d'un plus grand nombre de feuilles; il est *entier* lorsque ses bords n'offrent aucune division ; *multifide*, quand il est divisé à peu-près jusqu'à la moitié ; et *multiparti*, quand il est divisé très-profondément.

COROLLE. Enveloppe immédiate des organes de la fructification, presque toujours coloriée et souvent odoriférante. Les pièces dont elle est composée, se nomment *pétales*. La corolle est *monopétale* quand elle est d'une seule pièce, et *polypétale*, lorsqu'elle est formée de plusieurs; la plante qui n'a pas de corolle, est dite *apétale*.

CORYMBE. Assemblage de fleurs dont les pédoncules partent de différens points, mais s'élèvent à peu-près à la même hauteur.

CAMPANULÉ. En forme de cloche.

CORDIFORME. En forme de cœur.

CARNÉ. Couleur de chair.

CILIÉ. Bordé de poils semblables aux cils des yeux.

CRENELÉ. Dont les bords sont

garnis de petits prolongements, arrondis ou obtus.

Cylindrique. Qui n'offre aucun angle remarquable.

Capsule. Espèce de boîte formée de plusieurs paneaux qui se joignent par leur bord, avant la maturité, et qui s'ouvrent ensuite en laissant une issue libre anx semences.

Coriacé. D'une consistance dure et épaisse.

Cosmétique. Préparation qui sert à l'embellissement de la peau.

Cordial. Propre à ranimer les forces.

Coction. Faire cuire dans un liquide.

D

Diffus. Se dit des branches et des rameaux qui ne conservent entr'eux aucun ordre, et se dirigent dans tous les sens.

Denté ou dentelé. Garni de dents plus ou moins larges.

Décoction. Eau dans laquelle on a fait bouillir des médicamens.

Digestion. Fermentation lente à un feu modéré.

E

Étamine. Organe mâle de la plante. On y distingue deux parties : le *filet* qui est mince et allongé, et l'*anthère*, petit globule qui termine ce filet et qui renferme la poussière fécondante.

Embryon. Germe de la plante.

Épine. Pointe dure et aiguë qui fait corps avec le bois, et qu'on ne peut arracher sans endommager ce dernier, ainsi que l'écorce.

Étiolement. État de maigreur et de dépérissement de la plante. Cette maladie provient surtout de la privation d'air, et de la trop grande multiplicité des individus dans un petit espace.

F

Fleur double. On appelle ainsi celle qui est composée de plusieurs rangs de pétales.

Fleur pleine. C'est la fleur double dont toutes les étamines se sont changées en pétales.

Foliole. Petite feuille attachée à un pétiole commun à plusieurs.

Fomentation. Remède chaud appliqué à l'extérieur sur une partie malade.

G.

Glauque. Vert blanchâtre.

Glabre. Uni et sans poils ni duvet.

Glandes. Petits corps vésiculaires qui se trouvent sur diverses parties des plantes.

Grêle. Long et menu.

H

Hybride. Qui tire son origine de deux espèces différentes.

Hispide. Garni de poils longs, raides et alvéolés.

Hirsute. Garni de poils longs et raides, mais non alvéolés.

Hypnotique. Calmant.

I

Inerme. Sans épines et sans aiguillons.

Jaspé. Mélangé de diverses couleurs.

L

Linéaire. Fort étroit.

Lancéolé. Alongé en forme de lance.

Lacinié. Découpé inégalement.

Lymbe. Partie supérieure du pétale.

M

Multiple. (*Voyez* FLEUR PLEINE.)

Maculé. Parsemé de taches.

Meuble. Terre divisée par les labours.

Macérer. Faire tremper un corps dans un liquide.

Monder. Nettoyer.

O

Ovaire. Partie inférieure du pistil, dans laquelle sont renfermées les semences.

Onglet. Partie inférieure du pétale.

Obtus. Angle plus grand que le droit.

Oblong. Plus long que large.

Ombelle. Assemblage de fleurs dont les pédoncules partent tous d'un même point, et s'élèvent à peu près à la même hauteur.

Ondulé. Marqué de sinuosités.

Opposé. Feuilles qui naissent à la même hauteur des deux côtés d'un rameau. Branches disposées en face les unes des autres sur les côtés d'une tige.

P

Pistil. Organe femelle de la plante. Il est composé de trois parties : l'*Ovaire*, qui renferme les germes ; le *Style*, espèce de tuyau qui surmonte l'ovaire ; et le *Stigmate*, partie supérieure du style qui reçoit par son ouverture la poussière prolifique de l'étamine.

Péricarpe. Enveloppe du fruit.

Pulpe. Substance charnue du fruit.

Pollen. Voyez Anthère.

Pétale. Voyez Corolle.

Pinné. Disposition de folioles rangées sur les côtés d'un pétiole commun.

Pʀᴏʟɪғᴇ̀ʀᴇ. Fleur du centre de laquelle naissent d'autres fleurs.

Pᴇ́ᴅᴏɴᴄᴜʟᴇ. Queue de la fleur.

Pᴇ́ᴛɪᴏʟᴇ. Queue de la feuille.

Pᴀɴɪᴄᴜʟᴇ. Assemblage de fleurs disposées en plusieurs groupes, formés par des ramifications alongées, éparses et fixées sur un axe commun.

Pᴇ́ᴅɪᴄɪʟʟᴇ́. Porté sur un petit pédoncule.

Pᴇʀsɪsᴛᴀɴᴛ. Qui subsiste.

Pᴜʙᴇsᴄᴇɴᴛ. Garni de poils fins et éloignés.

Pᴀɴᴀᴄʜᴇ́. Nuancé de diverses couleurs.

R

Rᴀᴍᴜsᴄᴜʟᴇ. Petit rameau.

S

Sᴛʏʟᴇ. Voyez Pistil.

Sᴛʏɢᴍᴀᴛᴇ. Voyez Pistil.

STIPULE. Petite production foliacée qui naît à la base du pétiole.

STOLONIFÈRE. Racine qui rampe et produit des rejets qui donnent de nouvelles racines.

STRIÉ. Garni de petites côtes longitudinales et rapprochées.

SEMI-DOUBLE. Fleur qui a plus de pétales que la simple, mais qui conserve la faculté de donner des semences.

SUJET. Plante que l'on greffe.

SOMNIFÈRE. Qui endort.

T

TOMENTEUX. Garni d'un duvet plus ou moins serré et d'un aspect blanchâtre.

TERNÉ. Disposé trois par trois.

TURBINÉ. En forme de toupie.

TOMBANTES. Feuilles qui tombent chaque année.

V

Velu. Chargé de poils longs et sé-
parés.
Verticillé. Disposé en anneaux.
Visqueux. Gluant.
Vulnéraire. Bon pour les plaies.

TABLE

DES MATIÈRES.

—

LA ROSE. 17

LES VIOLETTES ET LES LILAS.

FLEURS ROSES.

FLEURS ROUGES OU CRAMOISIES.

FLEURS DE COULEURS VA-RIÉES.

FIN DE LA TABLE.

OUVRAGES

DE

M. A. DE **CHESNEL**,

PUBLIÉS

PAR LA

SOCIÉTÉ REPRO-DUCTIVE.

—

BOTANIQUE DES POËTES, DES ARTISTES ET DES GENS DU MONDE.

6 vol. in-12, avec planches.

La botanique est une science trop aimable, pour qu'elle n'ait pas eu des interprètes nombreux, et il en est même
beaucoup auxquels on doit des travaux
du plus grand mérite. Toutefois, il est

une vérité incontestable. c'est que la plupart des traités publiés jusqu'à ce jour sont, ou trop abstraits pour les gens du monde, ou trop légers pour une classe de lecteurs qui, sans se vouer spécialement à l'étude des plantes, n'en sont pas moins avides de connaître ce que cette étude présente de plus utile et de plus gracieux. Nous placerons surtout, parmi ces derniers, les femmes intelligentes, les poètes et les artistes. Le nouveau traité de botanique, qui leur est consacré, peut être considéré comme une sorte d'encyclopédie du règne végétal, envisageant non-seulement les plantes dans leur mode d'organisation, leurs mœurs, leurs habitudes, leur structure et leurs phénomènes; mais encore dans leur histoire religieuse, politique, littéraire et médicale, chez tous les peuples anciens et modernes. Le plan suivi par l'auteur est absolument neuf, et plusieurs chapitres contiennent des recherches qui n'avaient point encore fixé l'attention des botanistes. En résumé, cet ouvrage est aussi instructif qu'amusant pour les gens du monde, et peut fournir aussi des matériaux précieux au savant qui ne dédaignera pas de rendre moins aride ses descriptions , par quelques ornements puisés dans l'histoire et la littérature.

NAUFRAGES ANCIENS ET MODERNES.

2 vol. in-12, avec planches.

SCIENCE (LA) DU CURÉ DE CAMPAGNE.

2 vol. in-8º. avec planches.

Le vide que trouvent fréquemment dans leurs loisirs les ecclésiastiques qui vivent à la campagne, est généralement senti. Déjà même plusieurs de ces hommes respectables ont demandé des distractions à la science ; mais c'est toujours avec crainte, néanmoins, qu'ils les ont accueillis, parce qu'ils savent que les interprètes de cette science sont rarement soumis aux principes que la morale et l'orthodoxie religieuse sont habituées à vénérer. C'est donc une œuvre utile, que d'offrir aux ministres catholiques, comme aux personnes pieuses qui veulent s'instruire, un traité des sciences qui soit à la hauteur des lumières actuelles, sans blesser en rien leur croyance, et qui puisse apprendre ce qu'il est convenable de savoir, sans qu'il soit pour cela nécessaire de charger l'esprit d'une multitude de systèmes plus ou moins erronés, et d'une nomenclature fatiguante et sans fruit.

VOYAGE PITTORESQUE DANS LES CINQ PARTIES DU MONDE.

4 vol. in-12, avec planches.